雷

改訂増補版

小林文明 著

成山堂書店

雷は恐ろしいとされる一方で、芸術的で神秘的です。
雷の一瞬を捉えた写真から多様な姿を見ていきましょう。

写真提供：音羽電機工業株式会社
第 16 回 雷写真コンテスト グランプリ　篠﨑 智宏「ラピュタの雷（いかづち）」

「ラピュタの雷（いかづち）」は、2018 年 8 月 26 日に茨城県坂東市寺久で撮影されました。
巨大な積乱雲が迫力満点！
⇒6 章 6.3 参照

写真提供：音羽電機工業株式会社
第 10 回 雷写真コンテスト 佳作　安部 諭「天空の怒り」

「天空の怒り」は、
2012 年 8 月 22 日に新潟県新潟市中央区万代で撮影されました。
雷は色んな方向に伸びるんだね。
⇒2 章 2.3 参照

「競演 雷鳴と花火」は、
2005 年 8 月 6 日に大阪府泉南郡岬町で撮影されました。
花火大会の季節は雷も多い!?
⇒3 章 3.5 参照

写真提供：音羽電機工業株式会社
第 3 回 雷写真コンテスト 銀賞　尾道 薫「競演 雷鳴と花火」

写真提供：音羽電機工業株式会社
第 15 回 雷写真コンテスト 佳作　山村 周平「みなとみらい直撃！」

写真提供：音羽電機工業株式会社
第 3 回 雷写真コンテスト グランプリ　篠原 信幸「火山雷」

「火山雷」は、
2004 年 11 月に鹿児島県鹿児島市
桜島で撮影されました。
雲がなくても雷は発生するんだね。
⇒4 章 4.4 参照

写真提供：音羽電機工業株式会社　雷写真コンテスト 創業 70 周年特別賞
ネウストローエヴァ・ナターリヤ「神話の世界、トールのハンマー」

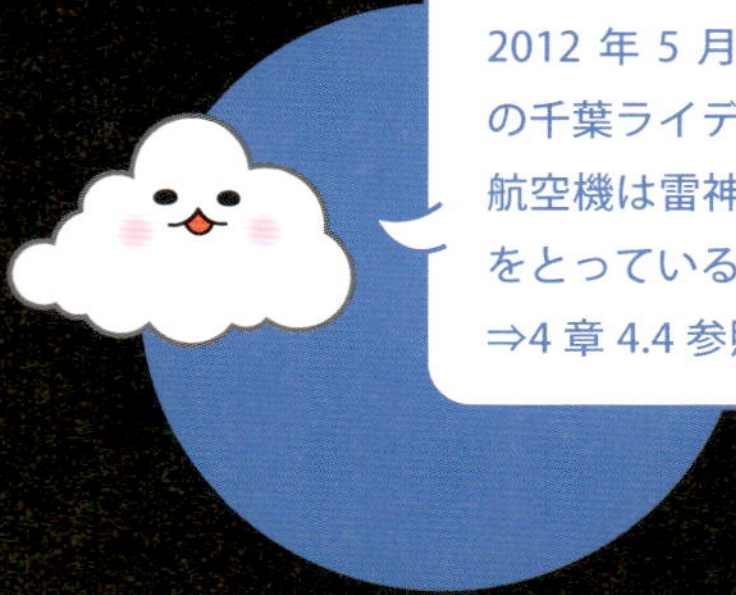

「神話の世界、トールのハンマー」は、
2012 年 5 月 6 日に千葉県千葉市若葉区谷当町
の千葉ライディングパークで撮影されました。
航空機は雷神トールの一撃にも耐えられる対策
をとっているけれど冬季雷には要注意だよ。
⇒4 章 4.4 参照

音羽電機工業株式会社「雷写真コンテスト」より
https://www.otowadenki.co.jp/contest/

改訂増補版の発刊にあたって

２０２４年の夏は、全国的に暑くなりました。ゲリラ豪雨も多く発生しましたが、それだけではなく全国各地で記録的な落雷が観測されました。それに比例して、雷による被害も多く出ています。

身近な自然現象のひとつ「雷」について、わかりやすく解説する本書の初版は、コロナ禍の２０２０年に刊行されました。それから4年を経過し、このたび「改訂増補版」として、再び刊行する機会をいただきました。今回の改訂増補版の発刊にあたりましては、全体の内容を再確認し、より適切な表記・表現に改めるとともに、最近に起きた雷による被害について、代表的な事例3件を増補いたしました。

本書が、気象としての「雷」の概要を知ることで、「雷」による被害を防ぐための一助となれば、うれしく思います。

２０２４年10月　**小林文明**

はじめに

東日本大震災（２０１１年）の直後から執筆を始めた本シリーズも、〝竜巻3部作〟として、『竜巻―メカニズム・被害・身の守り方』（２０１４年）、『ダウンバースト―発見・メカニズム・予測』（２０１６年）、『積乱雲―都市型豪雨はなぜ発生する？―』（２０１８年）を隔年で世に出すことができました。その後、平成30年台風21号や令和元年台風15号、台風19号の広域で甚大な災害を現地で目の当たりにしました。また極端気象だけでなく、地震や火山噴火、あるいは新型コロナウイルス感染症の流行など、私たちの命や暮らしに直結する危機に対して、一つひとつの現象における素過程の理解がより重要であることを改めて痛感しました。

極端気象シリーズ第4弾の本書では、『雷』をテーマに選びました。積乱雲に伴う、雨・風・雷の一つです。竜巻と同様に千差万別の落雷は、太古の昔から怖れられてきた一方で芸術的であり、神秘的でもあります。雷の不思議を、気象学的、大気電気学的、災害面からまとめると同時に、本シリーズのコンセプトである「身を守る」ことを念頭に構成しました。「基礎編」では、雷研究の歴史、日本や世界における落雷の特徴、落雷のパターンや雷撃被害などを身近な例でまとめました。後半の「研究編」では、落雷の構造、メカニズム、雷観測技術とともに、筆者が行ってきた雷観測研究にも言及しました。

雷の性質から、日本における落雷の特異性、雷観測の最前線、あるいは新しい概念といえる最新の雷像に至るまで、少しでも雷に触れて頂ければ幸いです。

２０２０年５月　**小林文明**

目次

夏の雷と冬の雷は何がちがうの???

雷神様に空の妖精!? 身近な気象現象である雷のいろんな姿をみてみよう!
まずは基礎編!
せきちゃん

日本の雷は1年を通してどこかの地域で発生しているよ。
かみなり君

落雷の危険はさまざまな場面に潜んでいるよ。実例から対策を考えよう！

もしも落雷に遭遇したら！？　身を守るための行動と正しい情報を確認しよう！

研究編

雷はどのようにして発生しているのかな？雲の中をのぞいてメカニズムにせまるよ！
小林教授の研究編！

雷にまつわるコラムも充実！！
成
ビシッ
なるやま君

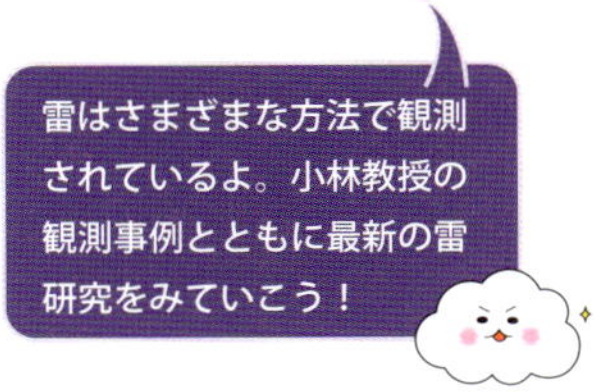

雷はさまざまな方法で観測されているよ。小林教授の観測事例とともに最新の雷研究をみていこう！

1章　雷とはなにか

1.1 雷にまつわる話

（1）雷様

昔から世の中で怖いものとして、「地震、雷、火事、親父」*といいますが、2番目に怖い雷をみたことのない人はいないでしょう。落雷は一瞬の現象ですが、その過程は複雑です。落雷は電気現象ということを誰もが知っており、静電気と原理が同じことも学んでいます。

ベンジャミン・フランクリンが雷雲下で凧（たこ）をあげて、落雷が電気現象であることを初めて示したのは今から250年以上前（1752年）ですが、当時の日本は江戸時代、まだ雷神様の仕業と思われていました。風神雷神図*が描かれたように、雷だけでな

ベンジャミン・フランクリン（1706〜1790）はアメリカの科学者としてだけでなく実業家としても活躍したんだ。100ドル紙幣のひとだよ。
偉人だね

図1.1　風神雷神図屏風（俵屋宗達作）

＊地震、雷、火事、親父
親父に関しては、大風（おおやじ）、大山風（おおやまじ）、つまり台風を指し、いつしか「おおやじ」が「おやじ」に変化したとの説もある。

＊風神雷神図屏風
風袋から風雨をもたらす風神と太鼓を叩いて雷を起こす雷神が描かれている。俵屋宗達の屏風画が有名であるが、多くの絵師によって描かれている。風神雷神ともわが国では力士の様に描かれている。三十三間堂の風神・雷神像（木製）は、古く鎌倉時代の作。

く、強風・突風（神風）、竜巻、豪雨などの嵐や渇水など多くの自然現象は神様の所業と考えられてきました（図1・1）。八百万（やおよろず）の神という文化が根強いわが国の特徴ともいえます。

世界中にも雷神は存在していました。フェニキアで発掘された雷神のブロンズ像（図1・2）は、大気電気学会誌の表紙にも使われています。また、中国の敦煌壁画に描かれた風神雷神（6世紀）、ギリシャの雷神（2世紀）など、雷神は壁画、像、コインなどのモチーフとなっています。

（2）雷神社

雷神社*は、日本各地で建立されており、20近くが現存しています。東北で8カ所、関東で9カ所、関西（兵庫）と九州（福岡）で各1カ所あり、圧倒的に東日本が多い結果となっていますが、これは落雷頻度が多い地域と密接に関係しているのかもしれません。現在、筆者の住んでいる近くにも雷神社*（図1・3）があり、毎日この雷神社の横を通って、雷に打たれないように祈りながら通勤しています。

図1.3　雷神社

図1.2　大気電気学会誌表紙の雷神像

*雷神社
読み方は、「いかずちじんじゃ」、「らいじんじゃ」、「かみなりじんじゃ」と各々の神社で異なる。

*筆者の近所の雷神社
横須賀市追浜の雷神社（いかずちじんじゃ）。

（3）静電気ではなぜ死なないのでしょうか？

乾燥した冬になるとドアノブや服の脱衣時など、バチバチと音を立てて発生する静電気を好きな人はあまりいないと思います。静電気の先端電力は、数万ボルトに達するといわれていますが、静電気で亡くなったという話は聞いたことがありません。これは、静電気の継続時間が短いために、指先などの痛みで止まり、手から心臓を通って足から地面に電流が抜けることがなく、心停止に至らないと考えられています（図1・4）。

ピカチュウ*の必殺技は〝10万ボルト〟ですが、受けた相手はダメージを受けるものの死に至らないのは、静電気と同じでショックを与える程度のエネルギー量だというのが理由なのでしょう（4章）。

学問の神様といえば菅原道真だけど、もとは雷神とされていたんだね。
全国にある〇〇天神、〇〇天満宮は菅原道真を祀った神社だよ。

（4）「くわばら、くわばら」

「くわばら、くわばら」とは、「どういう意味？」と思っている若い人も多いのではないでしょうか。これは落雷を防ぐための呪文として古くから使われてきた言い方であり、菅原道真*の領地であった桑原に落雷がなかったことから、落雷だけでなく災難を避けるためのおまじないとして定着したといわれています*。野外で雷に遭遇したら、〝桑畑に行っておへ

＊**ピカチュウ**
ポケットモンスター（ポケモン）。頬に赤色の「電気袋」を持ち、溜め込んだ電気はここから放電する。

＊**菅原道真**
平安時代には、道真は死後、雷神とされ恐れられていた。

ドアノブで静電気
ぎゃあ
成
バチッ
成
バチ
バチ
服の脱衣で静電気

図1.4　静電気

そを押さえてしゃがみ込む〟というのは、実は非常に理にかなっています（図1・5）。まず、桑畑には高い木がなく落雷の確率が低く、おへそを押さえてしゃがむのはまさに〝雷しゃがみ〟（4・3節参照）そのものであり、落雷から身を守る行動といえるのです（4章）。

図1.5　くわばらくわばら

（5）雷を掴む話

最新の大気科学の分野では、高時間・空間分解能、高感度のレーダーを用いて、眼で見た積乱雲とほとんど同じ雲を検出できるようになりました。* まさに、〝雲を掴める〟ようになったわけです。落雷に関しても、最近は雷放電の電磁波を地上で直接捉える、落雷監視システム*が、気象庁、電力会社、民間気象会社などに設置され、1個1個の雷放電が観測できるようになりました。とうとう私たちは、雷までも捉えることが可能になり、天気予報で落雷地点（雷放電点）を見ることができるようになったのです（6章）。

＊**「くわばら、くわばら」の由来**
雷神が井戸に落ちた際、ふたをされた農夫に「自分は桑の木が嫌いなので桑原（くわばら）と唱えたら二度と落ちない」と誓ったという伝説もあるが諸説あり。

＊**最新の雲の検出**
最新のフェーズドアレイ気象レーダーを用いると、30秒間隔の高時間分解能観測、雨だけでなく雲粒子を検出する高感度観測が可能となり、肉眼で観測された積乱雲の輪郭と同じ雲がレーダーデータからCGで3次元表示することが可能となった。拙著『積乱雲』図5・21参照。

＊**落雷監視システム**
落雷位置評定システム。LLS：Lightning Location System。

（6）空の妖精

大空には多くの未知な現象が伝えられ、その中でもさまざまな発光現象は、昔から目撃事例が報告されてきました。*発光現象の原因はさまざまですが近年、積乱雲も原因の一つであることがわかりました。積乱雲の雲頂から上向きに放電が存在することが確かめられ、これが赤色や青色に発光することから、「スプライト（妖精）」と名付けられました。最近では、落雷に伴うガンマ線放射も発見され、新しい落雷像が提唱されるようになりました（6章）。

＊**発光現象**
地震による発光現象は、地中の破壊から生じる電磁波が大気中を伝わりイオンなどと反応して発光すると考えられている。阪神・淡路大震災の際にも、朝焼けのように染まったと発光現象は報告されている。発光現象とは別に、火球（火の玉）も存在するが、原因は不明。

1.2 雷研究の歴史

フランクリンの実験から１００年以上経った１９００年代に入ると、科学的に雷雲の内部構造が論じられるようになりました。それでも当時は積乱雲の中に入って観測することなどは不可能でしたから、物理学に基づいた仮説を立てた段階といえるでしょう。初期の電荷分離機構の歴史を振り返ってみましょう。

（1）ウィルソンのイオン吸着説（１９２０年）

最も古い学説の一つであり、雨滴が落下中にプラスに帯電することで、マイナスイオンを選択的に吸収して雷雲内の電界が強められるという理論でした。つまり、雷雲内で形成されるプラス電荷とマイナス電荷の分離（偏り）の原因を雨滴にあるとした仮説です。ただし、実際の放電量*は1/10程度の電荷しか発生せず、現実の

＊**雷の放電量**
20～30C（クーロン）。クーロンは電荷の国際単位であり、物理学者シャルル・ド・クーロンの名前に因んでいる。電流の基本単位アンペア（A）とクーロンの間には、C＝A・s（sは時間（秒））の関係がある。

雷雲を完全に説明するには至りませんでした。

（2）シンプソンの水滴分離説（1927年）

雨滴が落下しながら分裂していく際に、マイナスに帯電した相対的に小さな雨滴とプラスに帯電した大きな雨滴に分かれることで電荷分離が起こるという学説です。つまり、雷雲下部に存在する正電荷の存在を説明するには好都合の仮説でしたが、実際の電荷量より一桁小さい値でした。*

（3）氷晶衝突説（1937年）

ウィルソンやシンプソンが落下する雨滴に電荷分離の担い手を見出したのに対して、10年後には雷雲内の氷粒子（氷晶）が電荷分離を主として行っているという全く異なった考え方が提唱されるようになりました。つまり、雷雲内の上昇流により、過冷却水滴（雲粒）が0～−30℃の領域で凍結して氷晶が形成され、氷晶同士の衝突、摩擦によって電荷分離が発生するという理論なのです。当初は同じシンプソンによって提唱されましたが、その後、吉田順五（1944年）がこの説を補強しました。固体の降水粒子による電荷分離説は、その後も氷粒子の融解説*や凍結時の電荷分離*などさまざまな説が提唱されました。しかしながら、いずれも実際の電荷量を説明するには至りませんでした。

以上のように、当時の学説は、積乱雲の上昇流域でイオンが電荷の運び手となる

＊"滝の近くでは、多くの水しぶきが発生しマイナスに帯電（マイナスイオン）するために体に良い"というのも同様の理論。最近では、エアコンや空気清浄機などでもマイナスイオン発生装置が付いている。

＊融解説
氷が溶ける時に気泡が破裂して、周囲がマイナス、氷がプラスに帯電するという説。ディンガ&ガン（1946年）、菊地勝弘（1965年）が提唱。

＊凍結時の電荷分離説
水滴が霰（アラレ）に衝突した際に、水の部分が分裂帯電する説。

雷神様の仕業とされてきた雷は、やがてその正体をつきつめようと世界中でさまざまな研究がされるようになりました。
小林

「対流説」と、雨滴、氷晶、霰《アラレ》*など降水粒子が電荷分離の主な担い手となる「降水説」に大別され、長い間学会内で論争が繰り広げられました（図1・6）。これが、「雷の数だけ電荷分離理論がある」といわれた所以です。電荷の分離は実験室内でも再現が可能ですから、研究者は雲物理といわれるミクロの世界の実験を試みました。各々の説は、決して間違いではなく、各々の素過程としては正しいものでした。しかしながら、実際の雷雲中における電荷分離量を説明する決定打とはならなかったのです。

この論争に終止符を打ったのが、高橋理論*です。この学説については5章で詳しく紹介しましょう。

＊霰
一般に、固体粒子のうち直径5㎜以上のものを雹（ひょう）、直径5㎜未満を霰と区別するが、降雪雲からの紡錘形をした固体粒子は雪霰（graupel）とよばれる。（図1・7）

＊高橋理論
1986年に高橋劭（つとむ）博士が提唱した「3極構造」。

コラム❶　菊地博士と高橋博士（北大気象学研究室）

北海道大学理学部における雲物理（雨、雪、雷）の研究は、世界で初めて人工雪を作った、中谷宇吉郎（なかや　うきちろう、1900〜1962年）に遡ります。中谷宇吉郎の弟子が孫野長治（まごの　ちょうじ）、菊地勝弘と高橋劭は孫弟子にあたります。二人は北海道大学理学部地球物理学科の大学院1期生であり、その後、菊地勝弘は北海道大学教授、高橋劭はハワイ大学教授として〝雨冠の気象学〞をリードしました。ちなみに筆者は菊地勝弘の弟子にあたります。（『雪と雷の世界―雨冠の気象学Ⅱ―』（成山堂書店）参照）

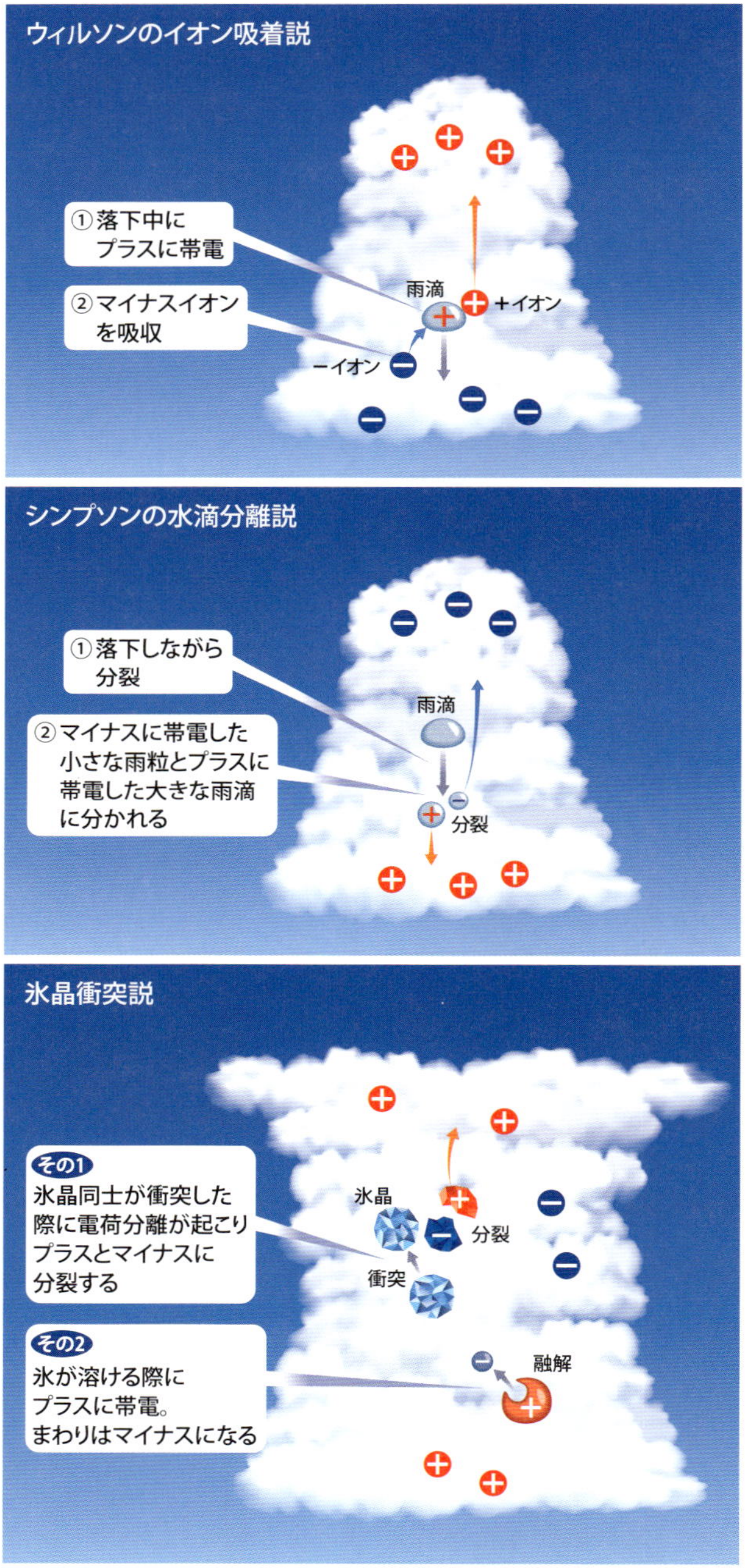
ウィルソンのイオン吸着説
①落下中に
プラスに帯電
②マイナスイオン
を吸収
雨滴
＋イオン
－イオン
シンプソンの水滴分離説
①落下しながら
分裂
②マイナスに帯電した
小さな雨粒とプラスに
帯電した大きな雨滴
に分かれる
雨滴
分裂
氷晶衝突説
その1
氷晶同士が衝突した
際に電荷分離が起こり
プラスとマイナスに
分裂する
氷晶
分裂
衝突
その2
氷が溶ける際に
プラスに帯電。
まわりはマイナスになる
融解

図1.6　初期の雷雲仮説

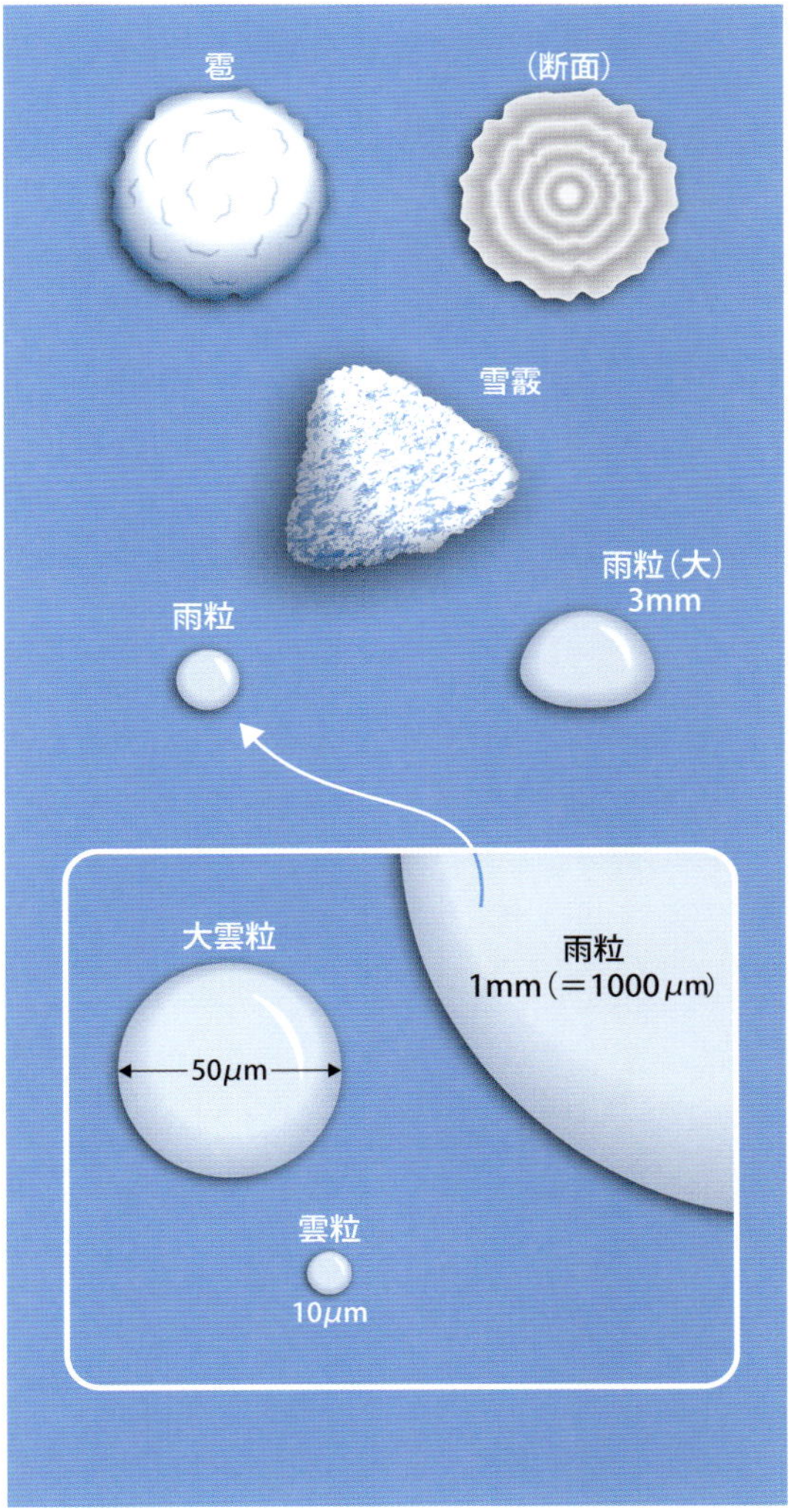
雹
(断面)
雪霰
雨粒(大)
3mm
雨粒
大雲粒
50μm
雨粒
1mm(＝1000μm)
雲粒
10μm

図1.7　固体粒子

成
せきちゃんの
内部の粒子は…

1.3 雷の種類

天気予報の現場では、雷は天気図のパターン*によって、次のように分類されています（図1・8）。

⚡界雷《かいらい》……寒冷前線など前線に伴う雷
⚡渦雷《うずらい》……低気圧や台風に伴う雷
⚡気団雷《きだんらい》……気団内で発生する雷
⚡熱雷《ねつらい》……日射が原因となる雷

界雷は前線に伴う雷、渦雷は台風や低気圧に伴う雷ですから、比較的わかりやすいといえます。一方、気団雷は安定した気団*内でも地表面付近が不安定になり、対流活動が活発になった結果、雷雲が発生します。特に、「夏型*」の日は、強い日射により地表面が加熱され、海風により水蒸気が輸送され、陸上で対流が活発になります。すなわち、真夏の入道雲（雷雲）に代表されるような熱雷は、安定した太平洋気団に覆われた夏型晴天時に起こることから、広い意味で気団雷に含まれますが、昔から夕立などを熱雷といって区別してきました。同様に上空の寒気に覆われた中で発生する冬季雷も、気団雷に分類されます。ただし、実際の大気状態は複雑であり、複合的な原因で雷が発生することも少なくありません。「熱界雷*」、「渦熱雷*」などとよばれることもあります。

積乱雲（雷雲）は対流現象であり、自由対流*は、地表面から上昇するプリューム

＊天気図のパターン
天気図に描かれるような1000kmのスケールを総観（シノプティック）スケールとよぶ。

＊安定した気団
同じ性質を有する空気の塊で、数千kmのスケールで一様な海洋上、大陸上で形成される。日本周辺では、夏の小笠原気団（太平洋高気圧）、冬のシベリア気団が代表的である。

＊夏型
小笠原気団は温暖で湿潤であり、高気圧から吹きだす風はモンスーン（monsoon：季節風）を形成する。つまり、夏のモンスーンは、太平洋高気圧に覆われた安定した夏型の気圧配置下で、太平洋からの暖かく湿った南風が卓越する。この暖かく湿った空気塊は、陸上で地表面が日射による加熱で不安定になり、対流が発生する。

＊熱界雷（ねつかいらい）
強い日射時に寒冷前線が通過して発生した雷雲。

＊渦熱雷（うずねつらい）
強い日射と上空の寒冷渦が原因で発生した雷雲。

＊自由対流
free convection。強い日射で地表面が加熱され、地表面に接している空気が暖められて比重が軽くなり、浮力を得て上昇運動が始まることを指す。自由対流は、熱対流、あるいは鉛直対流（vertical convection）ともよばれる。

（plume）が、上昇しながら周りの空気も取り込み、次第に大きくなり（サーマル（thermal））、混合層上部で凝結して雲（積雲）となるプロセスです。鉛直対流に対して、水平方向の温度差*により生じる対流を水平対流といいます。このような自由対流に対して、外部の流れによる熱輸送によって生じる対流を強制対流とよびます。前線や台風など大規模な大気現象や地形による上昇は、強制対流に分類されます。

同じ熱雷でも、平野における一様な加熱*による熱対流（鉛直対流）は、狭義の熱雷であるのに対して、部分加熱*による水平対流は、厳密には鉛直対流と区別して広義の熱雷と分類されます。冬の日本海上における対流*も狭義の熱雷（自由対流）なのです。

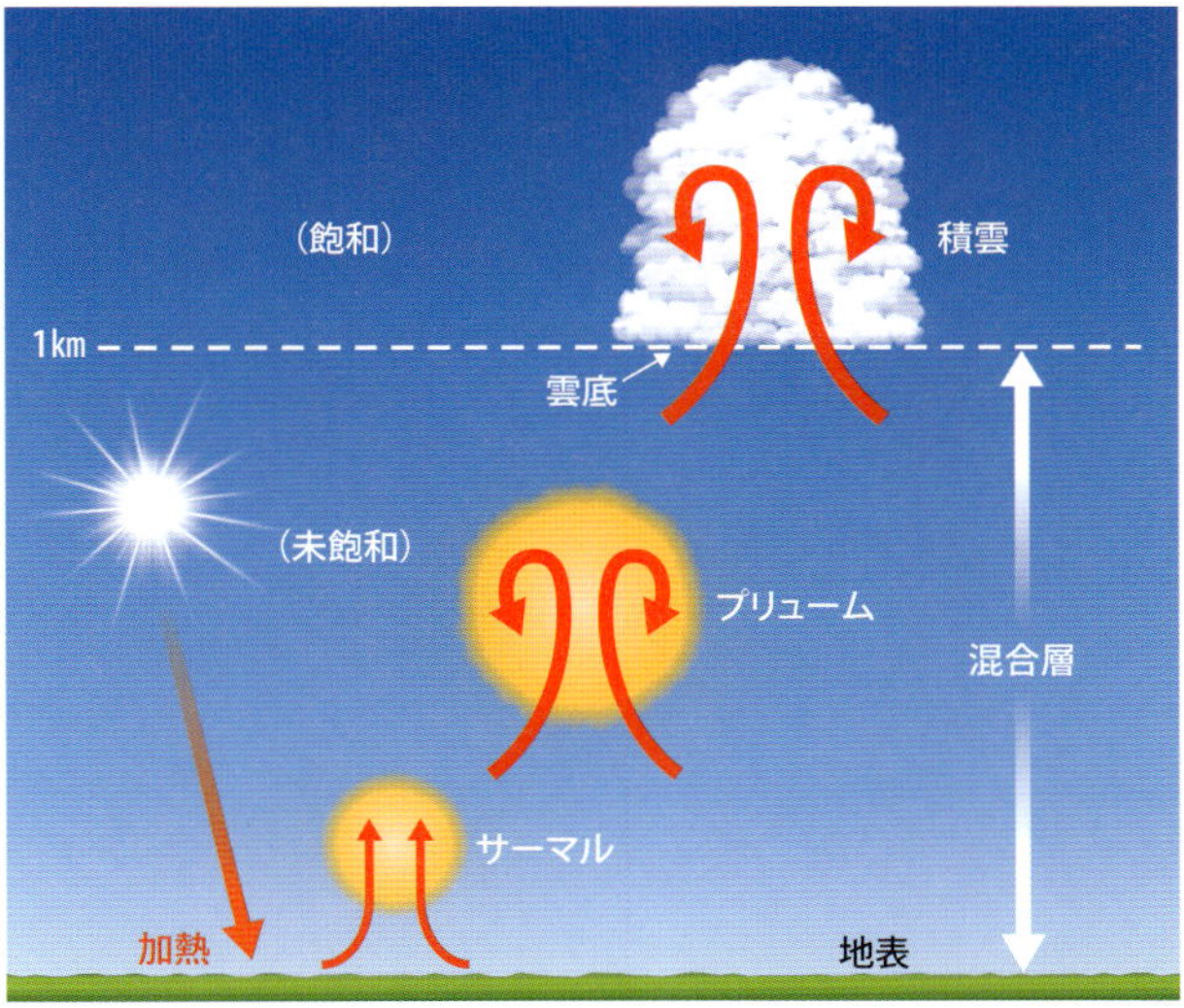

自由対流におけるサーマルとプリュームの発生

＊**水平方向の温度差**
部分差加熱（differential heating）によって生じる対流を水平対流（horizontal convection）とよぶ。

＊**一様な加熱**
日射による加熱。

＊**部分加熱**
平野内の温度差による対流やその結果生じる海陸風など局地風に伴う対流。

＊**冬の日本海における対流**
対馬暖流上で寒気進入に伴い発生する対流。

雷分類	対流の種類	場所	原因		
気団雷	自由対流	平野	一様加熱	熱（鉛直）対流（狭義の熱雷）	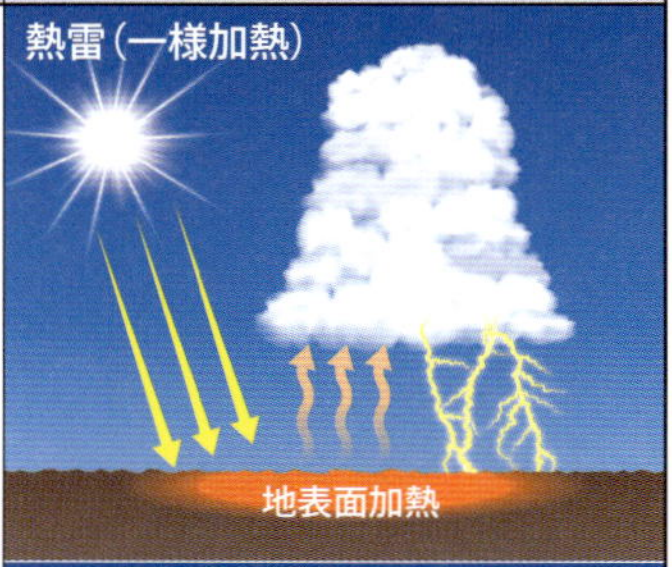熱雷（一様加熱） 地表面加熱
		海上（冬の日本海）	一様加熱（上空の寒気＋暖流）		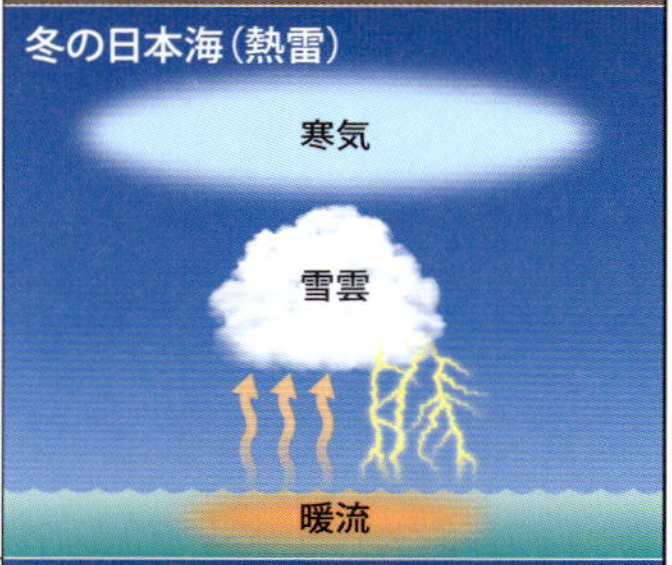冬の日本海（熱雷） 寒気 雪雲 暖流
		平野	部分加熱（海陸風）	水平対流（広義の熱雷）	水平対流（部分加熱） 暖 寒
	強制対流	山岳	部分加熱（山谷風）	局地循環	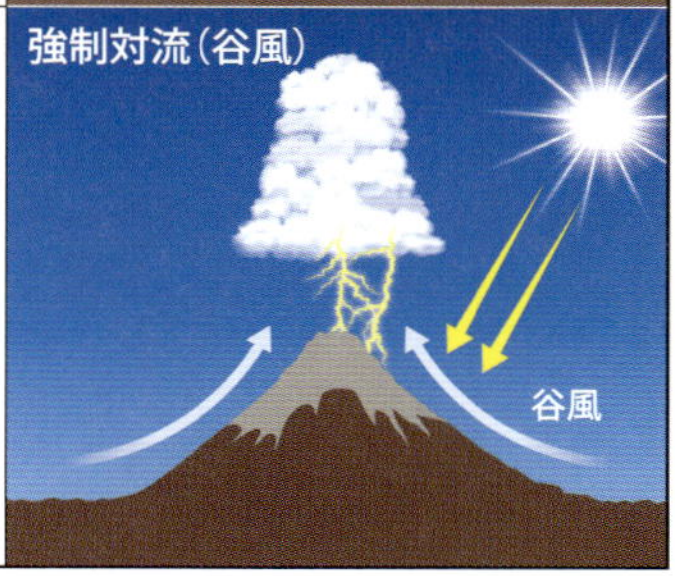強制対流（谷風） 谷風

図1.8　雷の分類

雷分類	対流の種類	場所	原因	
界雷	強制対流	広範囲	寒冷前線・停滞（梅雨）前線（シノプティックスケール） 海風前線・陸風前線・ガストフロント（メソスケール）	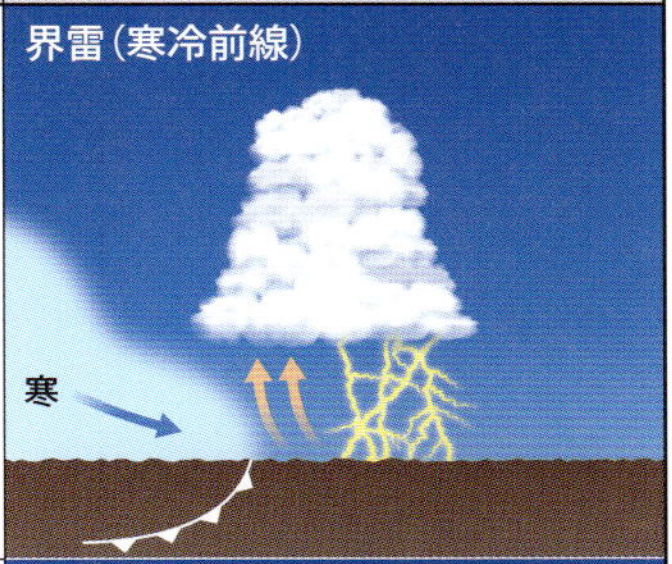
渦雷			温帯低気圧・台風（熱帯低気圧）・寒冷渦	
熱界雷	自由対流＋強制対流	広域（日本全域）	（前線通過と地上加熱）	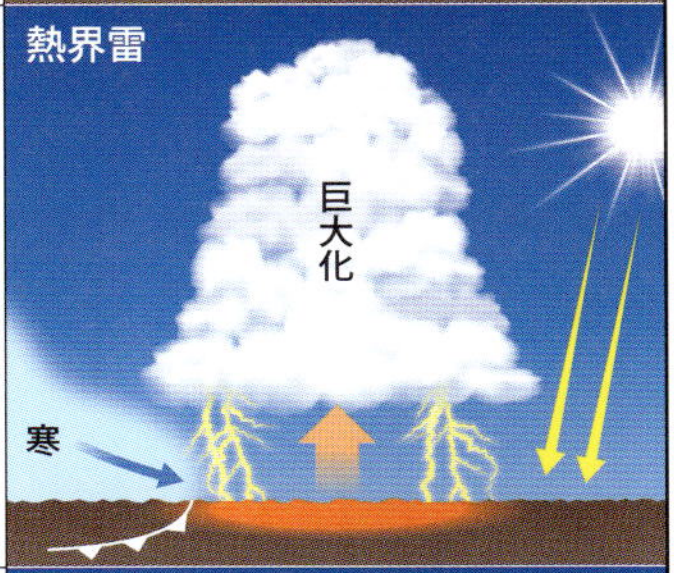
渦熱雷			（上空の寒冷渦と地上加熱）	

1.4 世界の雷と日本の雷

鰤（ぶり）が獲れる時期に
鳴る雷だから「ぶり起し」
といわれているよ。
大漁だぁ

落雷は、激しい対流現象を伴った積乱雲からもたらされます。モンスーン（季節風）が卓越する日本では、夏も冬も積乱雲が発生します。夏の積乱雲は圏界面まで達するような鉛直方向に発達した入道雲ですが、冬の積乱雲は水平スケールも鉛直スケールも小さな雪雲（降雪雲）です。夏の発達した積乱雲では、数百回から数千回におよぶ活発な雷活動が観測されますが一方、雪雲からの落雷数は極端に少ないため、雪雲からの落雷は、いきなり電光が走り雷鳴がとどろいたかと思えば一撃で終わることから、「一発雷《いっぱつらい》」（2・3節）といわれます。このように、雪雲からの落雷は暖候期の落雷と区別して、「冬季雷」とよばれます。冬季雷は、地域によって発生する時期が決まっているため、日本各地で固有の名前が付けられています。例えば、北陸地域では12月頃に鳴る雷を、「ぶり起こし」とよんでいます。

世界中の高緯度地域で雪は降りますが、北緯30～40度の比較的低緯度地域で、日本海沿岸域は世界的にも有数の豪雪地帯であり、アラレを伴った落雷が観測されるというのは科学的にも興味深い点です。さらに、夏季雷のエネルギーをはるかに超える大エネルギーの雷撃が発生することも、世界中の研究者から

北陸地域では、「雪起こし」ともいわれているよ。ほかにも北関東地域では「らいさま」、東北では「おれさま」、山梨県では「おかんなりさま」、奈良県では「ごろやん」、島根県や広島県では「どんどろけ」「どんどろさん」など…雷は地域によって色んな呼び方があるらしいよ。

成
へ～

驚きを持って受け止められています（2章）。

（1）日本周辺の落雷数

日本周辺における平均的な落雷分布をみましょう。図1・9は、暖候期（4月～9月）と寒候期（10月～3月）の落雷分布を単位面積当たりの密度分布で表したものです。夏は本州から九州の内陸部や山岳域で落雷が集中していることがわかります。強い日射により対流が発生する、いわゆる「熱雷」です。特に頻度が高いのは、関東、中部、関西、九州北部の内陸部にピークがみられます。一方、冬は日本海側に集中しており、特に、北陸沿岸と東北沿岸に落雷頻度のピークがみられます。これはシベリアの寒気南下による気団変質*が日本海上で起こり、雪雲が発達する場所と一致しています。さらに、冬にはもう一つ、太平洋上にも高頻度域が存在していることがわかります。特に、九州南方と関東沖の太平洋で高くなっています。冬の太平洋上における落雷が集中する原因はよくわ

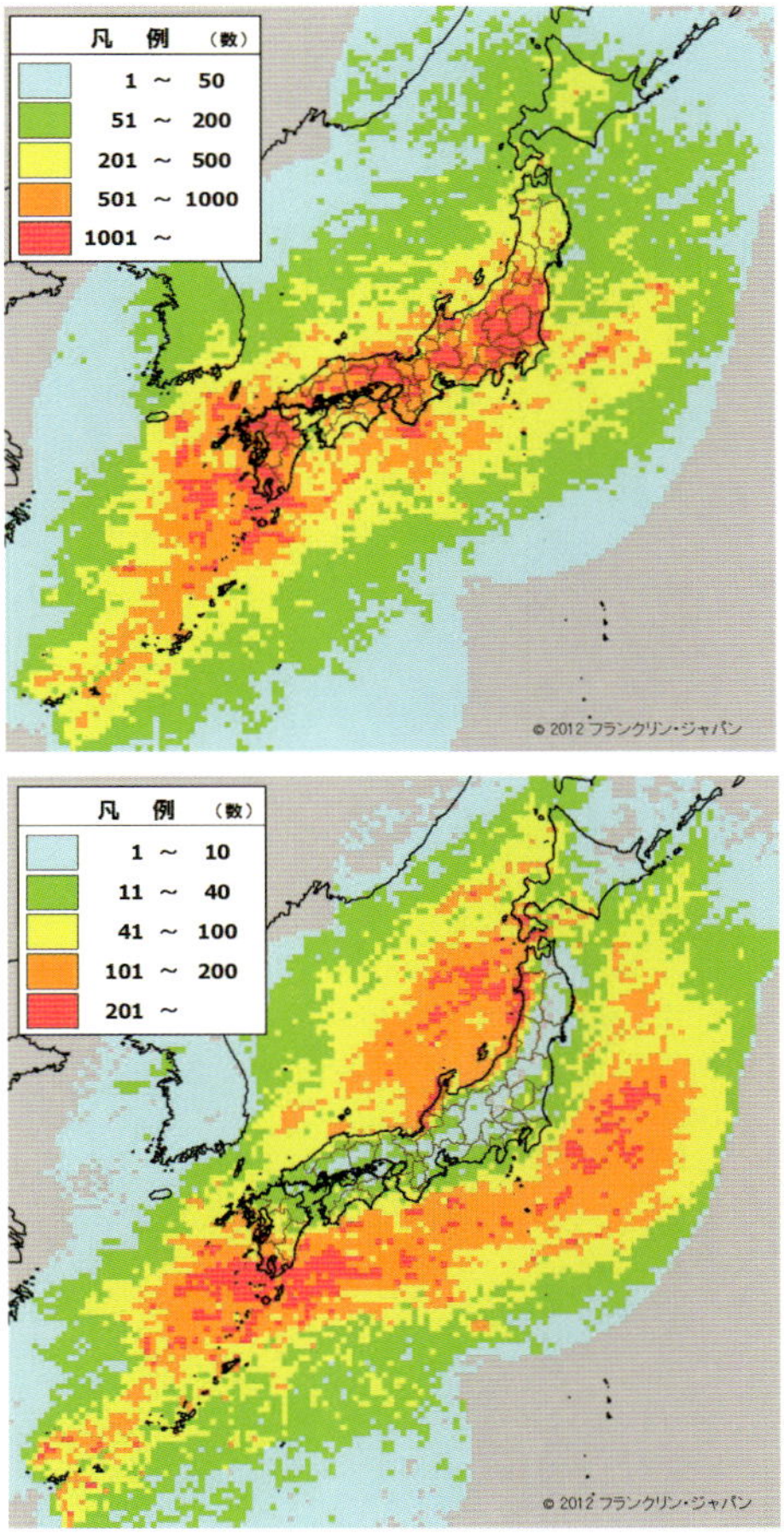

図1.9　日本周辺の落雷分布（2007～2011年）
上は暖候期（4～9月）、下は寒候期（10～3月）。（フランクリン・ジャパン）

＊気団変質
大陸性気団であるシベリア気団は寒冷で乾いた空気の塊であるが、日本海を通過する際、海面からの熱と水蒸気が供給され雪雲が発生する。日本海側では大量の降雪が観測され、結果として乾いた空気が湿った空気に変化する。

かっていませんが、寒気進入時に太平洋沿岸でも発生する対流雲や本州南岸を発達しながら通過する低気圧の影響が考えられています。

(2) 世界の落雷分布

1990年代以降、衛星から直接落雷を観測*する技術が確立され、全球の落雷頻度を議論できるようになりました(図1・10)。世界の落雷は、熱帯から温帯にかけての大陸で高頻度であることがわかり、アフリカ大陸の赤道直下にピークが存在しています。つまり、積乱雲が発生する場所を示した図ともいえるのです。世界の三大落雷地域を挙げるなら、「アフリカ中央部」、「南アメリカ(ブラジル南部)」、「東南アジア」といえるでしょう。

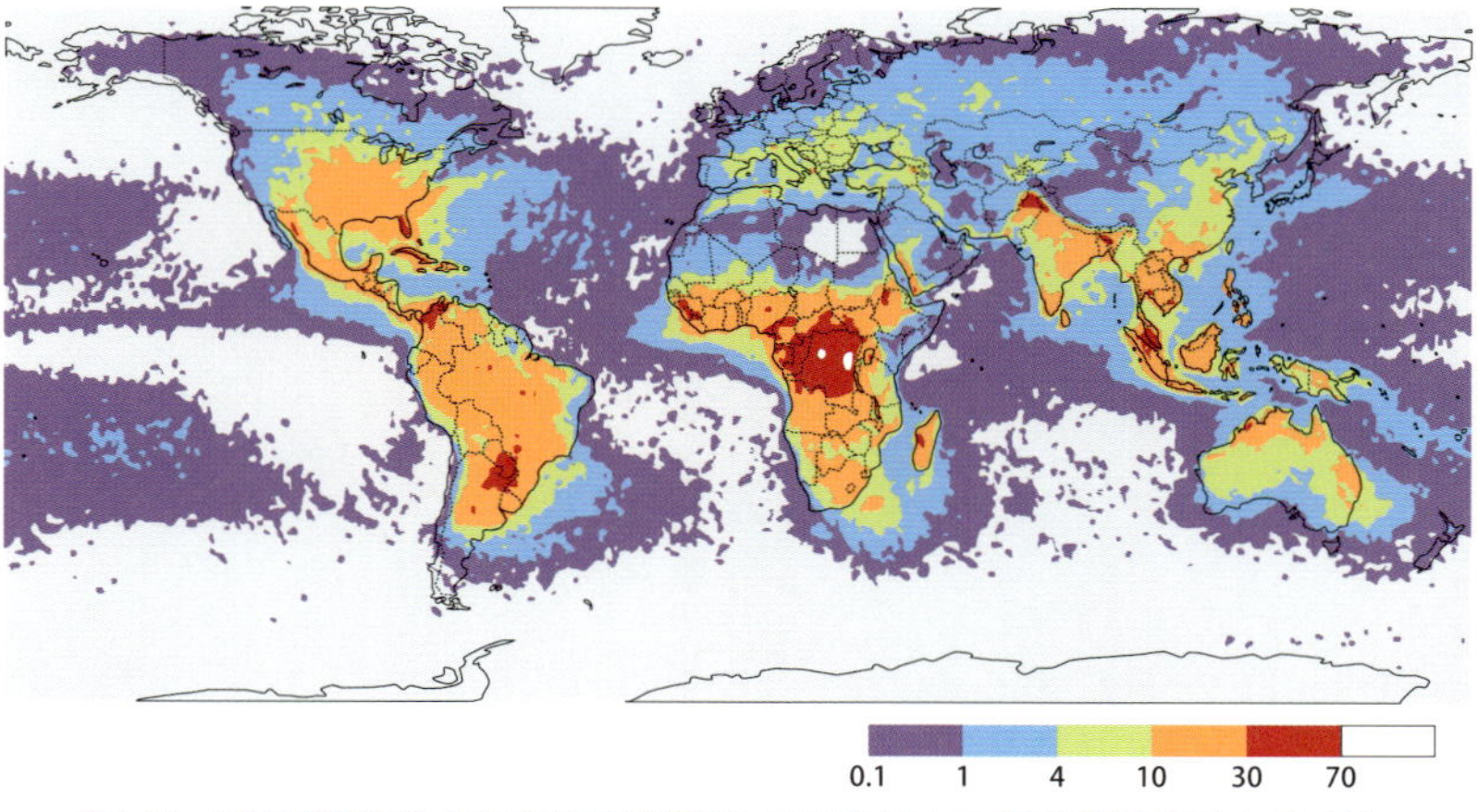

図1.10　世界の落雷頻度(NASAの観測結果をもとに10㎢ごとの雷発生密度で描かれている)

コラム❷　日本の雷発生ランキング

最も古くからのデータが残っている、「雷発生日数」で比較すると、1位石川県、2位福井県、3位新潟県、4位富山県、5位秋田県、と日本海側の県が上位を独占しています。これは、冬季雷が原因であり雷発生日数を稼いでいるためです。冬の日本海側では曇天が続き、落雷数は少ないものの、雷の発生したのべ日数は多くなります。全国平均は19日であるのに対して、石川県は42日と倍以上になっています。逆に、少ないのが47位北海道、46位宮城県、45位和歌山県となっています。

＊衛星からの雷観測
1997年、熱帯降雨観測衛星（TRMM）に光学センサーである雷観測装置（LIS）が搭載され、水平分解能4㎞の精度で個々の落雷を検知することが可能となった。

2章　夏の雷と冬の雷

2.1 落雷のパターン

　落雷は、雷雲から地面への放電と思いがちですが、中には放電の経路が地上から雲に向く、上向きの落雷があることを知っていますか。雷雲の中には、プラスとマイナスの電荷が存在し、そこから（あるいはそこに向かって）放電路が上向き、下向きに伸びていきます。また、プラスとマイナスの電荷を極性とよびます。すなわち、プラス電荷を中和する落雷を正極性、マイナス電荷を中和する落雷を負極性と定義しています。このように放電路の向きと極性の組み合わせで、計４通りの落雷パターンが生じるわけです（図２・１）。

❶　負に帯電したリーダ*が下向きに伸びる負極性落雷
❷　雲頂からの正に帯電したリーダが下向きに伸びる正極性落雷
❸　正に帯電したリーダが上向きに伸びる負極性落雷
❹　負に帯電したリーダが上向きに伸びる正極性落雷

*リーダ
放電路の先端。

負極性

・負帯電リーダ下降：雲内の負（マイナス）電荷からリーダが地上に向けて伸びて

雷といえば夏に起こるものとイメージされる方が多いかもしれませんが、日本海側では夏よりも冬に雷が多く発生し、威力も夏の雷より冬の雷のほうが強いのです。
小林

いくパターンです。リーダは負に帯電しており、リーダが向かう先の地表面は正に帯電します。暖候期の落雷の大部分（約90％）がこのパターンです。

・正帯電リーダ上昇：地上の正（プラス）電荷からリーダが雲内の負電荷に向かって伸びていくパターンです。地上の高構造物（高圧鉄塔、煙突、風車、高層ビルなど）、山岳域、冬季雷雲でみられます。

正極性

・正帯電リーダ下降：雲内の正電荷からリーダが地上に伸びるパターンで、雲頂付近の正電荷からのリーダ（冬季雷雲）と雲底付近の正電荷からのリーダ（ポケットチャージ*）の2パターンが存在します。

・負帯電リーダ上昇：地上の負電荷からリーダが雲頂付近に存在する正電荷に向かって伸びていくパターンです。主として冬季雷雲でみられます。

　夏の積乱雲（図2・1左）では雲中のマイナス電荷を中和するための地上への放電、すなわち負極性の下向き落雷がメ

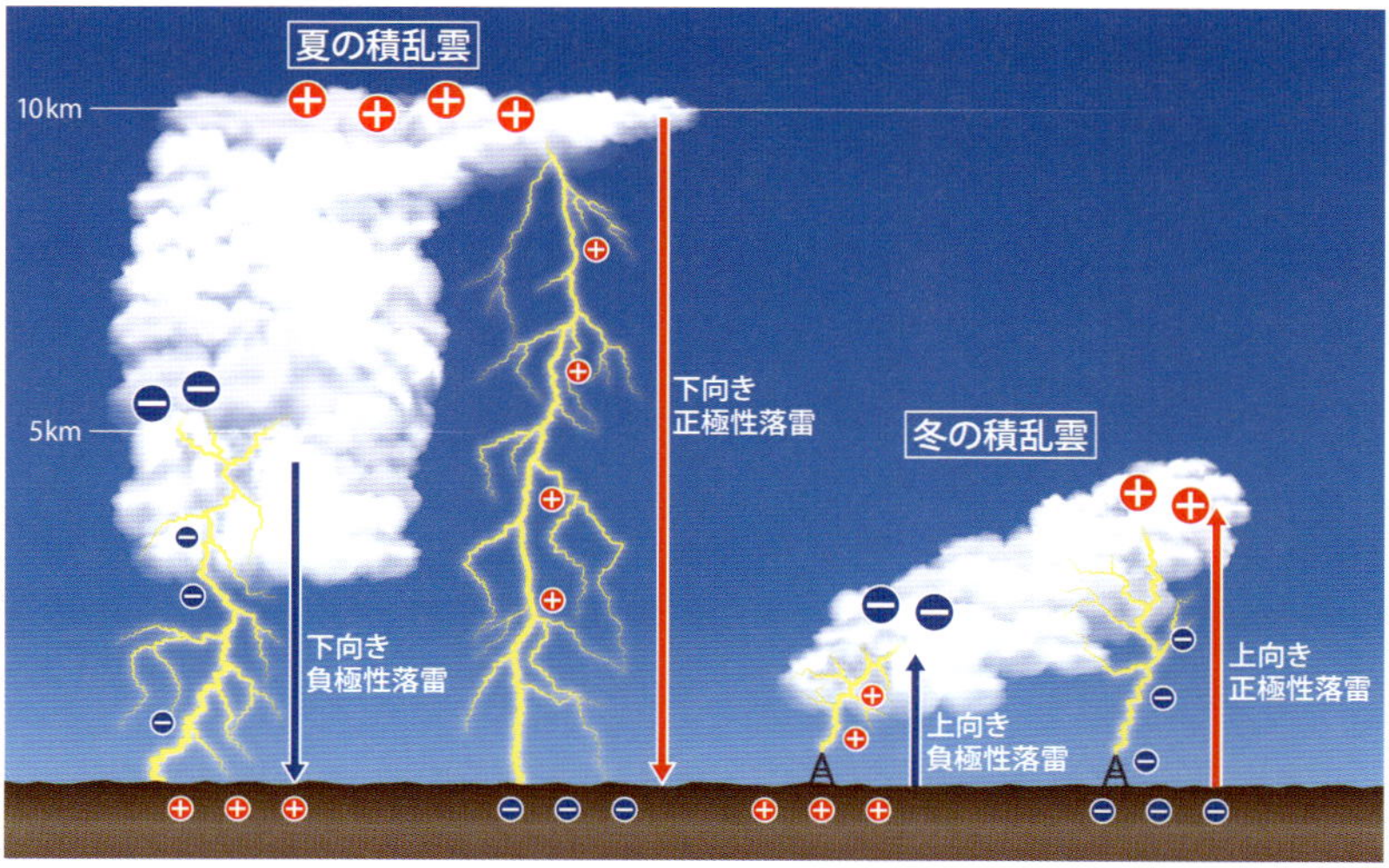

図2.1　落雷の模式図
左は夏の積乱雲に伴う２つのパターン。負に帯電したリーダが下向に伸びる負極性落雷と、雲頂からの正に帯電したリーダが下向きに伸びる正極性落雷。右は冬の積乱雲に伴う２つのパターン。正に帯電したリーダが上向きに伸びる負極性落雷と、負に帯電したリーダが上向きに伸びる正極性落雷

インで約９割を占めます。ただし、一部は上空のかなとこ雲（アンビル：anvil）からの正極性の下向き落雷も観測されます。雷雲本体から数十㎞も離れたアンビルからの落雷は予測が難しく、*雷雲から離れていても落雷の危険があります。

一方、雪雲（図２・１右）は、雲頂、雲底高度とも低く、地上から上向きに伸びる放電路が雲に達する確率が高くなりますから、雲中（マイナス）や雲頂（プラス）への上向き落雷の数が増えます。冬季雷は、正極性雷や上向き放電の割合が高くなるのが特徴です。上向きの放電は、煙突、鉄塔、風車、ビルなどの高構造物から伸びた方が雲に達しやすいので、冬季雷では、このような構造物への落雷が集中します。

2.2 冬季の雷雲

冬季雷

積乱雲というと高度10㎞以上にまで達する入道雲を想像しますが、冬の日本海上でも積乱雲は発生します。寒気が進入した日本海では海面からの熱と水蒸気の供給が活発になり、積雲対流が生じます。上空の寒気がドームのように存在して対流を抑制するために、高度４～５㎞の対流圏中層に逆転層が形成され、雲頂は３～４㎞に抑えられます。このため、降雪雲の１個のセルは水平スケールでも数㎞と小さいのです。北西季節風卓越時に気象衛星画像でみえる筋状の雲列は、積雲、積乱雲が無数に並んだもので、気団変質過程の結果といえます

*ポケットチャージ
積乱雲の雲底付近に存在する正電荷は、降水に伴い局所的に分布することから、ポケットチャージとよばれる。

*雷の予測は難しい
晴れ間が見える状態から突然落雷が発生するために、〝ステルス雷（見えない雷）〟などとよばれている。

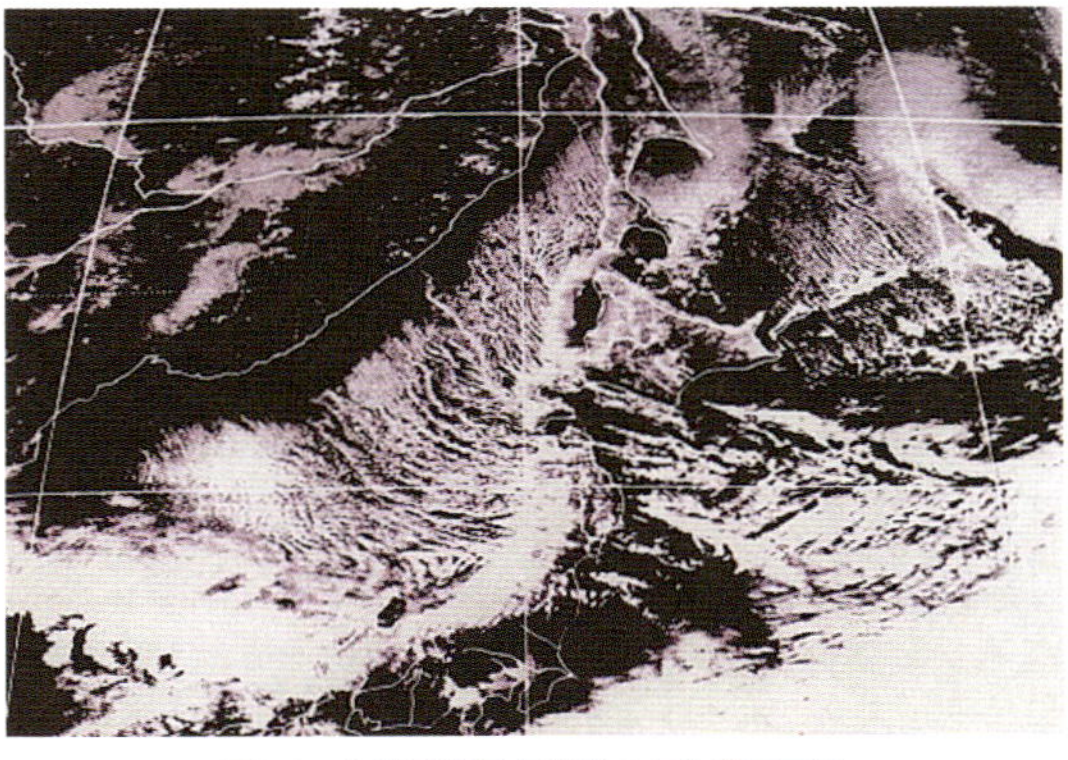

図2.2　冬型季節風卓越時の気象衛星画像

（図2・2）。この筋雲列は気象レーダーでみると列状の対流セルが認められます。このような冬季の積乱雲（降雪雲）は、日本海沿岸を流れる対馬海流（暖流）上で急発達して、雲内でアラレが形成されます。そのため、上陸時に落雷が多く観測されます。さらに、上陸とともにアラレを落として、雲自体も衰弱して消滅します。

冬の積乱雲が観られる場所は、寒気進入時の気団変質が顕著に現れる場所でもあり、北米の五大湖やスカンジナビア半島周辺なども挙げられます。ただし、日本海は緯度が低くて、形成される多量の水蒸気を含んだ雪雲は、豪雪や落雷（冬季雷）、竜巻（winter tornado）など特異な現象をもたらす、世界的にもユニークな現象といえます。

日本海側の雷日数

積乱雲内の電荷分離は、特にアラレによる電荷分離が重要であり、アラレが形成される雲内の気温が−10℃のレベルで活発に行われます。夏季の地上気温は30℃前後で対流圏界面は*−55℃程度、*−10℃レベルは必ず雲内に存在しますので、高度10㎞位まで鉛直方向に発達した夏の積乱雲（図2・3）は電荷分離活動を伴う雷雲といっても過言ではありません。しかしながら、冬の積乱雲は高さが3～4㎞程度の雪雲ですから、−10℃のレベルが雲内に存在する保証はありません。厳冬期の北海道のように、地上気温が−10℃であれば、雲内はさらに低温ですから電荷分離は不活発になります。冬の日本海側で雷活動が時期と地域によって異なるのは、雲内の温度分布が

＊**圏界面**
対流圏と成層圏の境で正確には対流圏界面という。圏界面高度は緯度や季節によって異なるが、十数km程度。

＊**対流圏界面の気温**
ジェット機の水平飛行高度が圏界面高度であり、年間を通じて−55～−60℃と低温である。

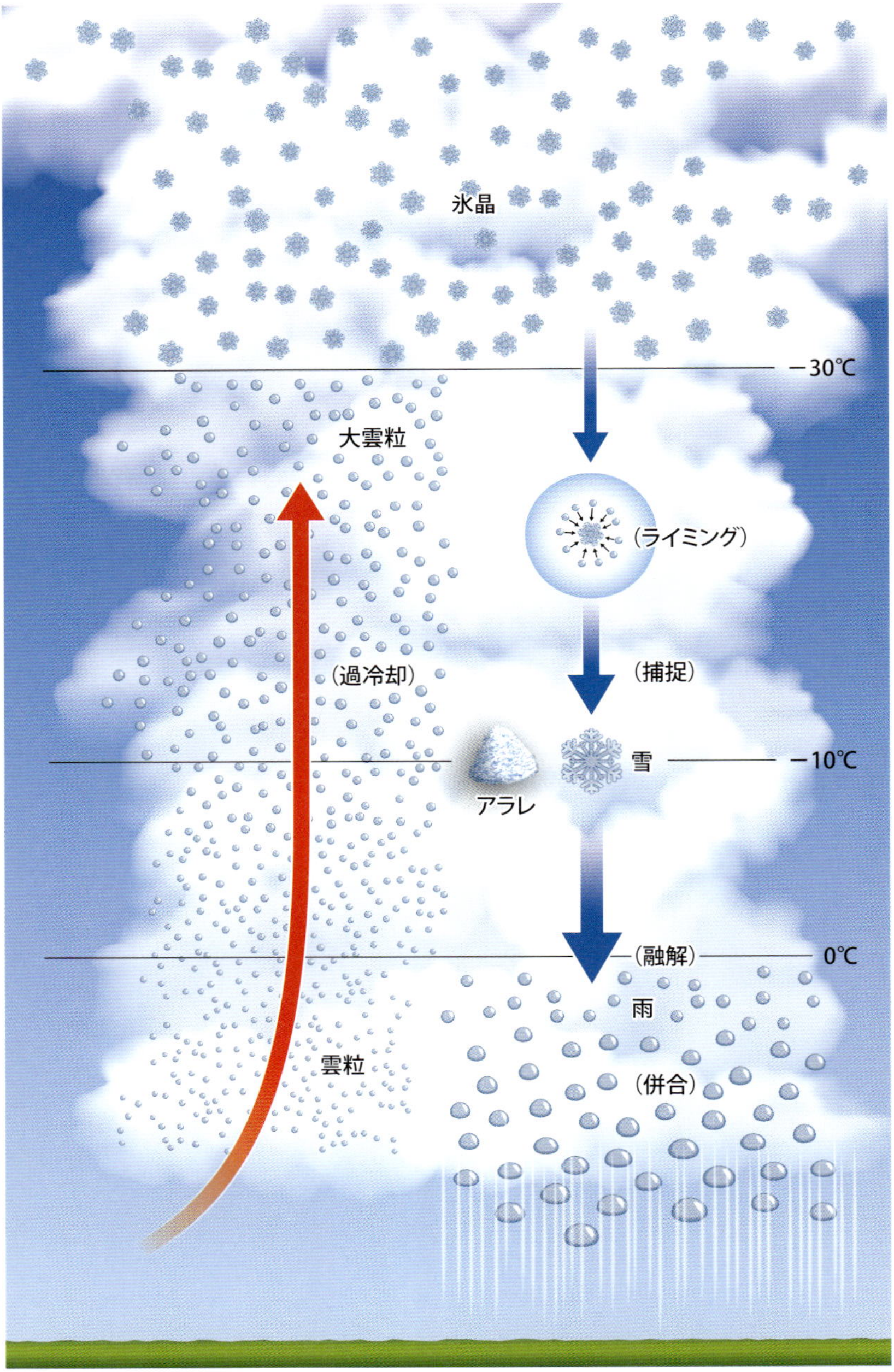

図2.3　積乱雲の鉛直構造

異なるためです。実際、寒候期の雷日数をみると、北海道では10月～12月に雷は観測されるものの、厳冬期の1月～2月には雷日数がゼロになります。北海道では厳冬期に大量の雪は降りますが、落雷がほとんど観測されなくなります。東北では11月～12月、北陸では12月～1月が雷のピーク期です（図2・4）。

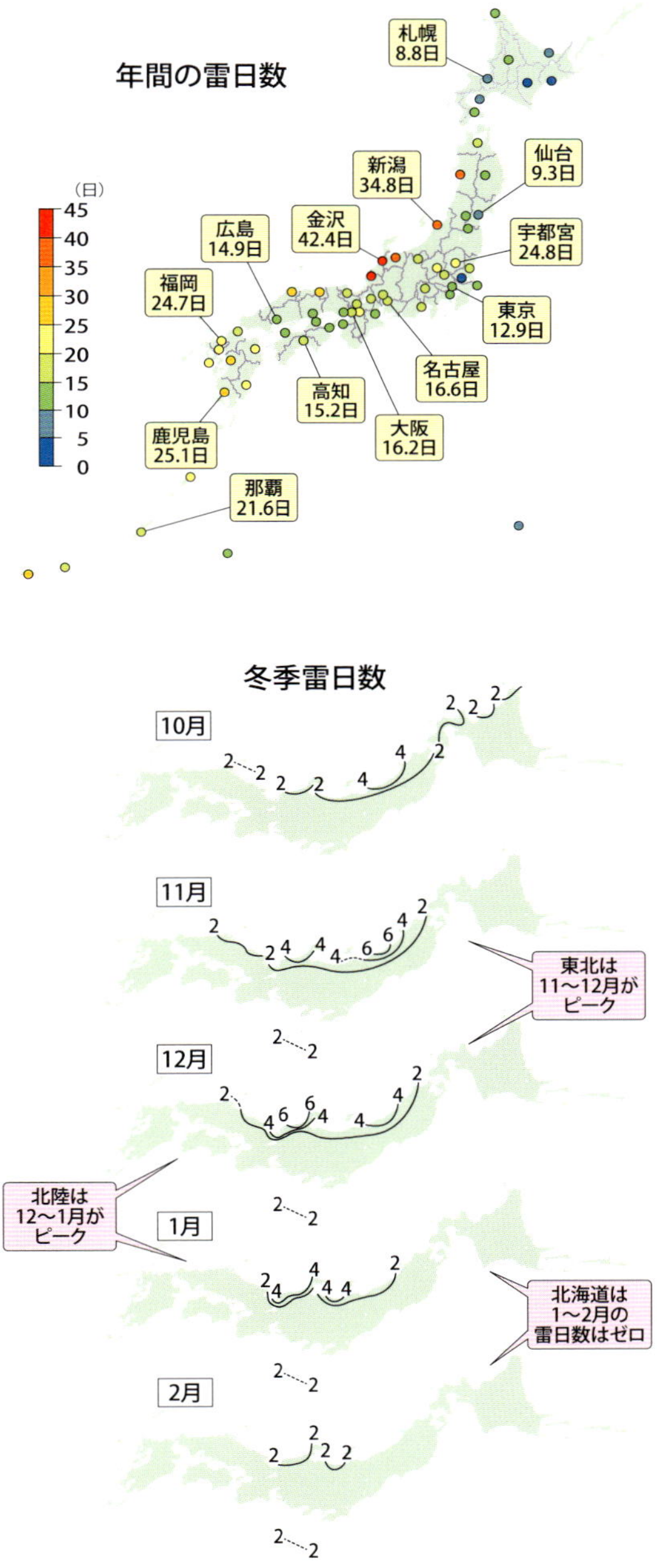

図2.4　日本の雷日数と寒候期の雷日数マップ

コラム③ 豪雪は18年周期？

「38豪雪」（昭和38年（1963）の豪雪）や「56豪雪」（昭和56年（1981）の豪雪）は有名ですが、昭和20（1935）年も豪雪であり、いつしか豪雪の〝18年周期説〟がささやかれるようになりました。平成11（1999）年も豪雨や豪雪が記録されましたし、平成29（2017）年も豪雨や豪雪が顕著でした。大気現象には、10～30年周期の〝10年変動〟が結構存在しますから、もしかすると物理的に意味のあることかもしれません。

2.3 一発雷の怖さ

冬季の日本海側では冬季雷のことを〝一発雷〟とよび、昔から怖いものという認識が持たれ、冬に雷が鳴ると、雷電流が家の中に流れ込み、電化製品が壊れてしまうのでテレビや電話など家中のコンセントを抜く習慣が当たり前でした。最近は雷電流防止装置などが普及していますが、それでも雷電流により火災が起こったり、企業のハードディスクが壊されたりといった被害が少なくありません。これは、冬季雷のエネルギーが大きく、雷電流の電流値が高く、継続時間が長いために起こる被害です。落雷頻度は少ないものの、エネルギーが大きい冬季雷は恐るべき存在です。冬季雷の特徴は次の7点に集約されます。

❶ 間欠的な雷活動

1個の積乱雲から発生する落雷数は数十～数百回程度であり、夏季雷雲に比べ

て落雷頻度は1/10程度となる。極端な場合は、当該積乱雲の落雷から次の積乱雲の落雷まで、数分~数十分程度間隔が空くことも多い。

❷ 正極性落雷

正極性落雷の割合は、夏季雷雲が10%程度であるのに対して、冬季雷雲では50%程度に上昇する。

❸ 上向き放電

雲頂高度、雲底高度とも低いために、上向きの放電（正極性）が雲にまで達する確率が上昇する。

❹ 水平放電路

雲底が低いことにより、放電路の角度が鉛直からずれるようになりやすい。また、隣接している無数の雪雲同士の雲間放電の頻度も増す。避雷針が効かず、構造物の雷撃被害が多い原因の一つといわれている。

❺ 多地点同時雷撃

数km~数十km離れた地点における、同時雷撃がしばしば観測される。詳細な原因は未だ不明であるが、何らかのトリガーによって多数のセル（積乱雲）からの同時雷撃が発生すると考えられている。

❻ 長い放電継続時間

夏季雷雲に伴う雷撃電流時間は、数ms*であるのに対して、冬季雷に伴う放電継続時間（雷電流時間）は、数十ms~100ms程度と数十倍長い。このために、防

＊ms　ミリセカンド、1000分の1秒。

① 間欠的な雷活動（一発雷）
② 正極性落雷
③ 上向き放電
④ 水平放電路
⑤ 多地点同時雷撃
⑥ 長い放電継続時間
⑦ スーパーボルト（大エネルギー雷撃）

雷装置が効かずに被害が多発する。

❼　大エネルギー雷撃

夏季雷雲に伴う通常の落雷より、はるかに大きな電流値（２００kA（キロアンペア）以上）や大きな中和する電荷量（１００C（クーロン）以上）を示す雷撃が冬季雷ではしばしば観測される。

上向き放電路
（写真提供：音羽電機工業株式会社／中坪良三［第２回雷写真コンテスト学術賞　冬神鳴りの競演］）

水平放電路
（写真提供：音羽電機工業株式会社／峰田登喜良［第２回雷写真コンテスト学術賞　雷光］）

多地点同時雷撃
（写真提供：音羽電機工業株式会社／武山冨久夫［第６回雷写真コンテストグランプリ　放電群舞］）

冬季雷の落雷分布

冬季雷の被害は海岸線*に集中しますが、時々山間部でも落雷が発生します。また、海上で落雷がどのくらい起こっているのかは、長年の疑問でしたが、1990年代に入り、落雷の直接観測*が可能になったためこの疑問は解消されました。気象レーダーと落雷情報を組み合わせた研究結果から、気象条件により、3つのパターンが存在することがわかりました（図2・5）。

❶ 寒冷前線通過時の落雷（海上に落雷ピーク）

日本海の海上を東進する低気圧から延びる寒冷前線に伴う落雷は、冬季最も活発である。落雷密度は、0・1回/㎢を超えることもある。落雷分布は、海上（数100㎞沖）で活発であり、上陸とともに弱くなる。

❷ 季節風が強い時の落雷（内陸山間部に落雷ピーク）

西高東低の気圧配置が強まると、強い北西の季節風に対して平行に積乱雲（雪雲）列が形成され、強い風速によって上陸後、内陸や山間部にまで雪雲は到達する。これを、〝山雪型〟の降雪とよぶが、落雷も同様に海岸線から内陸部に至る広範囲で観測され、山岳域にピークが現れる。一方、海上での落雷はほとんど観測されない。

❸ メソ低気圧型の落雷（海岸線に落雷ピーク）

西高東低の気圧配置が弱まると、季節風も弱まり、雪雲の列は風向に対して直角に交わるようになり、海岸線に平行なライン状の雪雲が断続的に上陸するよう

*海岸線
海岸線から数㎞内陸まで。

*落雷の直接観測
落雷位置評定システムの整備による。6章参照。

*小さな低気圧
昔は小低気圧といわれたが、現在はメソ低気圧とよばれる。

になる。降雪は海岸線、つまり平野部に集中することから、〝里雪型〟とよばれる。落雷も海岸線に集中する。また、日本海上にメソスケールの低圧部が形成され、小さな低気圧*が発生する。このメソ低気圧は、スケールは小さいものの*、対流活動は活発であり、集中豪雪、竜巻、ダウンバースト*、そして落雷の集中が発生する。落雷分布は、やはり海岸線に集中する。

＊メソ低気圧のスケール
水平スケールの直径は数十㎞～数千㎞を有する。

＊ダウンバースト
積乱雲からの強い下降気流。雪雲からのダウンバーストはスノーバーストともよばれる。拙著『ダウンバースト』参照。

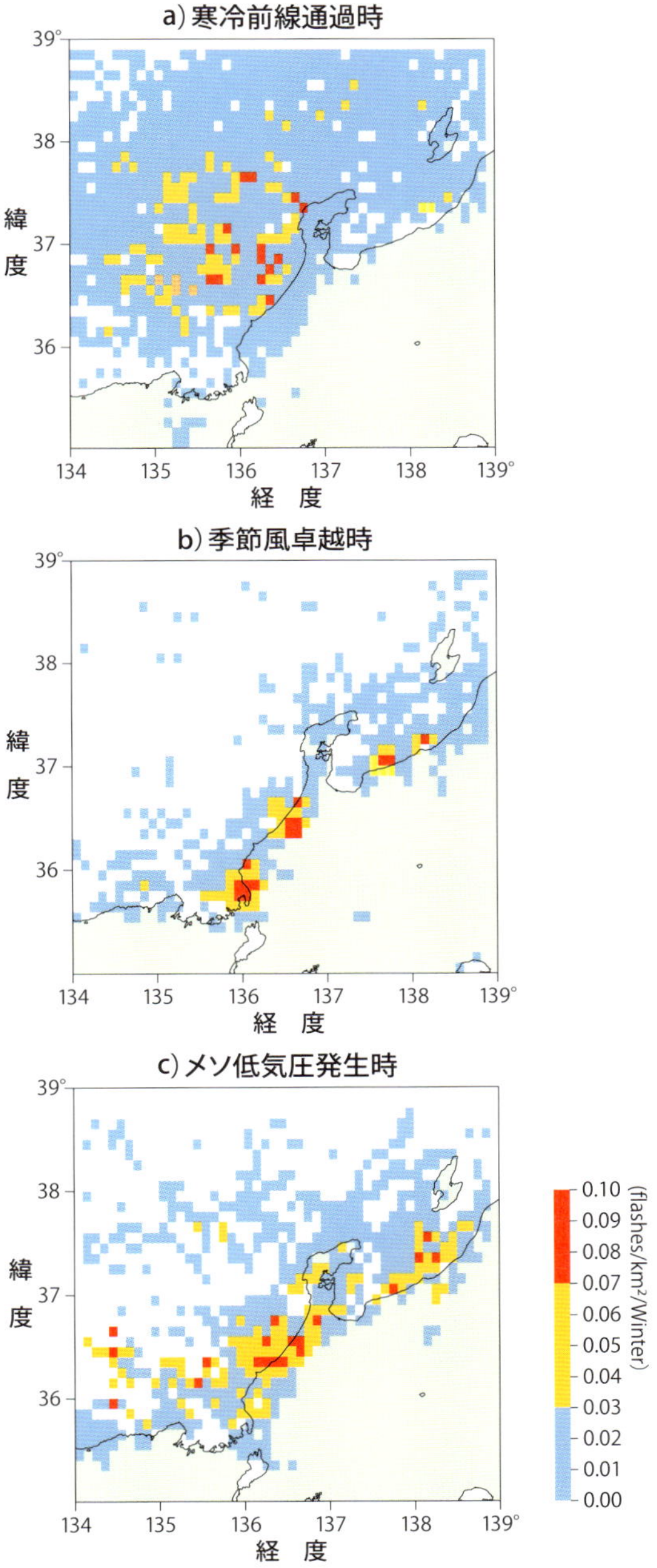

図2.5　冬季北陸における落雷密度分布パターン。a）寒冷前線通過時、b）季節風卓越時、c）メソ低気圧発生時

コラム④　メソスケール

メソスケールの「メソ」とはマクロ（総観スケール）とマイクロ（ミクロ）の中間を意味するギリシャ語であり、気象学では、数km〜1000kmのスケールを指します。さらに細分化して、200〜2000kmをメソα（meso-α）、20〜200kmをメソβ（meso-β）、2〜20kmをメソγ（meso-γ）とよぶこともあります。積乱雲1個がメソγ、積乱雲群がメソβに対応します。天気図に現れる総観スケールの現象は、流体力学の方程式で記述することが可能ですが、メソスケールの現象は、力学の運動方程式だけで表現することは難しいのです。

2.4 スーパーボルト

通常の落雷よりはるかに大きな電流値（200kA（キロアンペア）以上）や中和する電荷量（100C（クーロン）以上）、あるいは長い継続時間（1ms（ミリセカンド）以上）を有する雷撃がしばしば観測されています。このような大エネルギー、大電流を伴う落雷（雷撃）は、スーパーボルト（supervolt）と定義されます。これは、1970年代にアメリカの軍事衛星による観測で、冬季日本海沿岸域で雷放電の発光（エネルギー）が通常の雷より、1桁〜2桁大きなエネルギー（強く発光する）を有した雷が検知されたことによります。* ただし、現在でもその構造やメカニズムは、大気電気学的、気象学的双方の観点から不明のままであり、残された課題です。

スーパーボルトによる雷撃時には、長時間大きな電流が流れるために、通常の雷

＊**強エネルギーを有した雷の検知**
アメリカの研究者がスーパーボルトと名付けたことにより、冬季日本海上で発生する雷雲の電気的構造が世界的に注目されるようになった。

＊**北陸沿岸における冬季雷観測**
高さ200mの煙突への落雷を対象とした観測で、1995年12月21日2時23分59秒と2時34分35秒の2回、250kA以上の大電流を有する正極性落雷が捉えられた。

＊**小規模な低気圧**
直径100km程度の低気圧（低圧部）で、天気図で解析できるかどうかという小規模なものであった。メソ低気圧（mesolow）とよばれる。

＊**スパイラル状**
らせん状の降水域が衛星画像やレーダーエコー分布で確認される。

冬の日本海は
最強の雷
スーパーボルトが
発生しやすいと
いわれているよ。
むんっ

防止センサーが利かず、重大な雷撃事故につながる可能性があります。例えば、送電鉄塔への雷撃、住宅火災や感電、コンピュータのＩＣ回路やハードディスクの破壊など、大きな損失につながります。

　なぜ相対的に小さな冬季雷雲からこのような大エネルギーの雷撃が生じるのでしょうか。未だにそのメカニズムは解明されていませんが、数多くの雷雲が隣接する冬季日本海上では、何かのきっかけで周囲の電荷が一カ所に集中して中和される結果ではないかと推測されています。つまり、１個の雷雲のエネルギーは小さくても、それが複数集まることで大きなエネルギーになるというものです（図２・６）。

　実際に、スーパーボルトの観測事例を見ましょう。北陸沿岸における冬季雷観測で、ピーク電流が２５０kAを超える大電流雷撃が、立て続けに２回観測されました。* 当日は、日本海上の北陸沖合いに小規模な低気圧*が解析されており、北陸沿岸ではこのメソ低気圧に吹き込む形でスパイラル状*のバンドが、海岸線と平行に

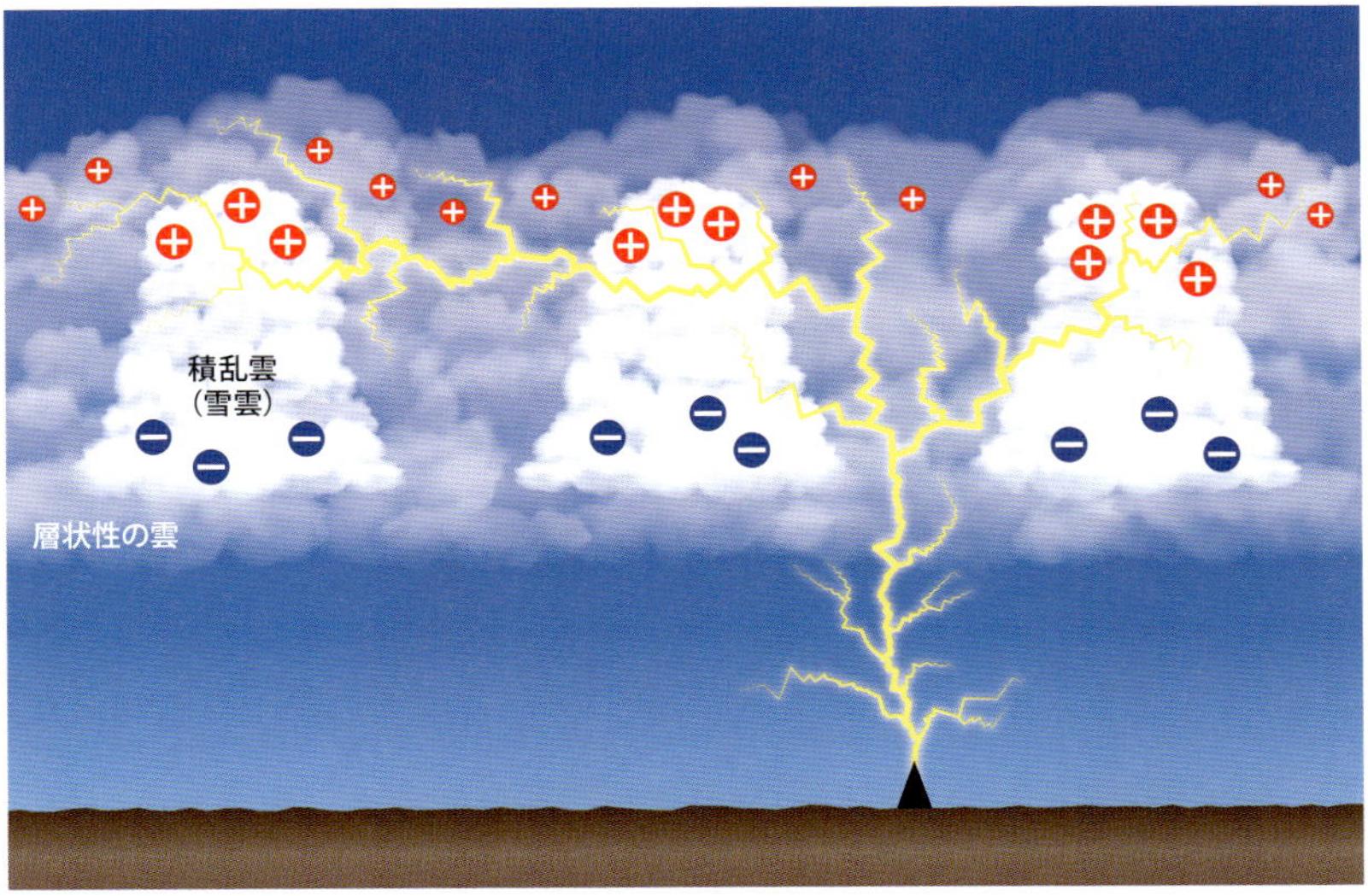
積乱雲
（雪雲）
層状性の雲

図2.6　スーパーボルトの模式図

形成されていました。大電流雷撃時は、バンド状のエコー内で発達した積乱雲の通過時に対応しており、1回目の雷撃はエコー域先端の弱エコー領域で発生し、2回目の雷撃は最も強いエコー通過直後に発生しました（図2・7）。2回目の雷撃時には、地上でも直径1cm以上のアラレが観測されました。

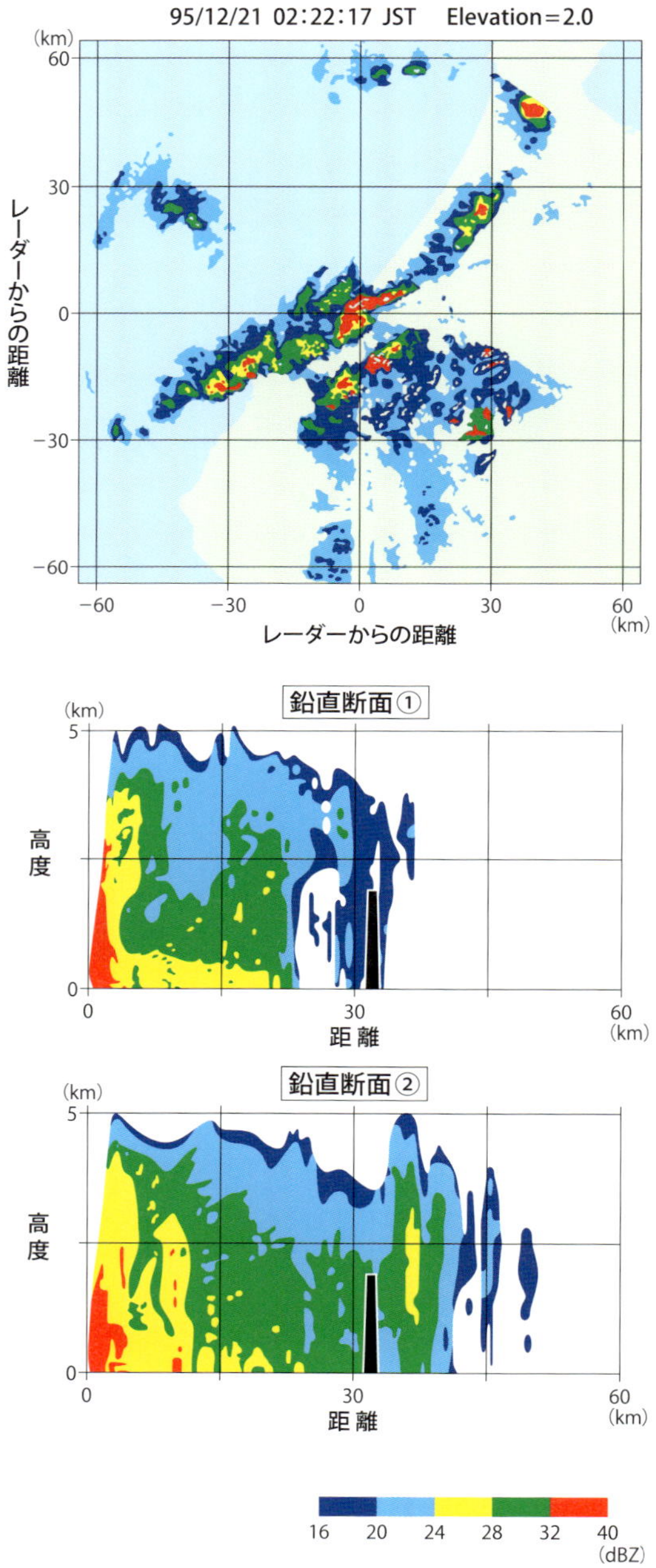

図2.7 大電流雷撃をもたらした冬季雷雲のレーダーエコーパターンと鉛直断面図

コラム5　落雷の破壊力

落雷の放電路では、高温（30000K）、衝撃波、爆発的な膨張を伴うため、構造物への被害も後を絶ちません。雷撃はコンクリートや石までも破壊してしまいますが、割れ目にたまった水、あるいは木材が雷電流の熱によって水蒸気爆発を起こして、割れたり裂けたりすると考えられています。木造の建物では、直撃雷を受けると火災になることも多く、古くから歴史的建築物（例えば、東大寺の七重塔など）は落雷による火災で焼失してきました。

最近では、パソコンやスマホなど高度化した電化製品の被害が急増しています。損害保険会社の取扱件数だけで年間数万件、被害総額は1000億〜2000億円と推定されています。雷電流によってハードディスクが破壊されたという話は少なくありません。雷鳴が聞こえたら、身を守るだけでなく、コンセントを抜くなどの習慣をつけ、〝雷ガード〟のコンセントを用いるなど日頃から備えておくと安心です。

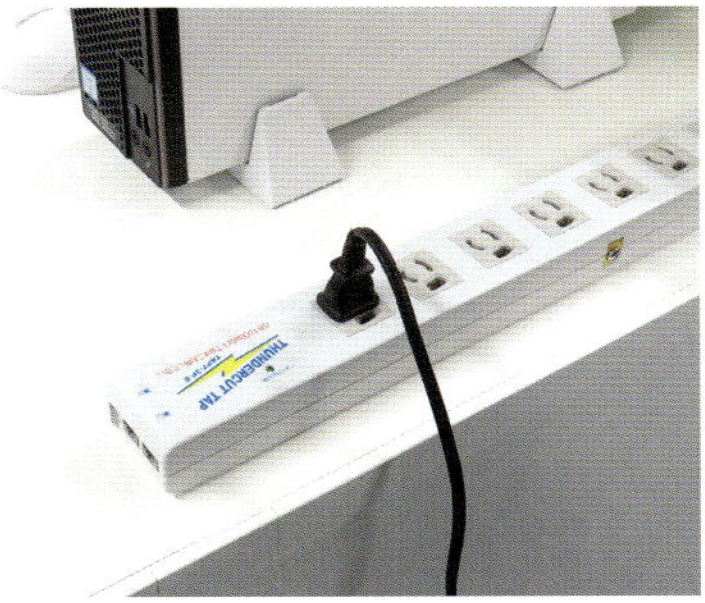

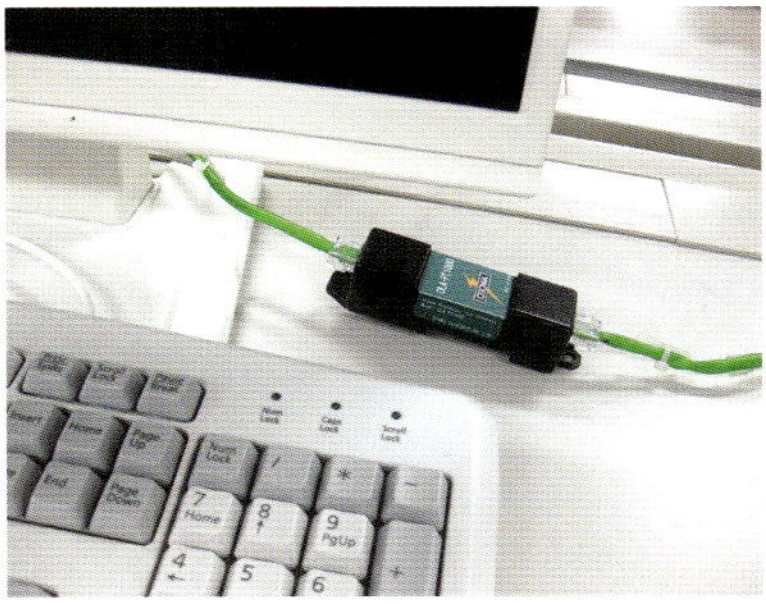

雷ガードのコンセント（左）とLAN ケーブル用避雷器（右）
（写真提供：音羽電機工業株式会社）

3章　最近の落雷事故から学ぶ

身近に起こりうる雷撃の実例

雷撃による人的被害は、高度に都市化した生活の中でも後を絶ちません。特に、野外活動時、散歩中雷雨に遭い、雨宿りしている時に雷撃を受けたとか、野外コンサート、お祭り、クラブ活動、花火大会など、私たちの身近に起こりうるリスクが潜んでいます。本章では実例をみていきましょう。

ここ数年国内で報告された落雷事故を振り返ります。①２０１２年８月、大阪のコンサート会場近くの公園で雨宿りをしていた方が亡くなりました。②２０１３年７月、突然の雷雨で中州に取り残された方へ雷撃しました。③２０１６年７月、沖縄のビーチで落雷があり、雷撃により男性４人が負傷しました。落雷の直前には雷注意報が発令され、建物に避難する最中の出来事でした。④２０１６年８月、埼玉県の高校グラウンドでは、野球の試合に来ていた高校1年生が雷撃に遭いました。クラブ活動中であり、「晴れ間が見えたので再開した」、「周囲で雷の音はしていなかった」など、天気を確認したうえでの事故でした。運動グラウンドにおける雷撃事故は、毎年のように発生しています。⑤２０１７年８月、河川敷で花火見物客が突然の雷雨により負傷しました。もちろん、花火大会の主催者側は天気に十分な注意を払っており、直前に大会の中止と避難を呼び掛けています。

夏は野外での活動が活発になる時期ですが、同時に積乱雲が発生しやすく、落雷の危険があります。雷撃の実例から退避行動を考察していきましょう。
小林

鉄道（上）や鉄塔（下）への直撃事例。身近な構造物にも落雷の危険が潜んでいる。（写真提供：音羽電機工業株式会社／（上）櫻井隆［第15回雷写真コンテスト優秀作品　至近の落雷］、（下）川原哲夫［第3回雷写真コンテスト学術賞　雷光］）

その後、コロナ禍の3年間は人が集まるイベントはほとんどが中止や自粛となっていましたが、コロナ禍明けの２０２３年以降、特に２０２４年の夏は花火大会やお祭りなどのイベントが完全に復活しました。ただ、これらのイベントは雷雨に見舞われるケースが続出しました。２０２３年の夏は記録的な猛暑で、8月などは連日朝から積雲が湧き立ち、熱帯のスコールのような天気を経験し、わが国が亜熱帯化したことを実感しました。

２０２４年の夏は、さらに暑くなりました。それだけでなく、各地で記録的な落雷数を観測しました。全国的にみても例年をはるかに上回る回数を記録し、関東地方に限定すれば2倍以上、東京23区でみると約5倍といった落雷数になりました。なぜ同じような猛暑でも２０２３年と２０２４年でこのような違いが生じたのでしょうか。この原因は次の3点に絞られます。

1点目は、地球規模での温暖化、2点は都市の温暖化（ヒートアイランド）です。東京周辺では両者の温暖化により周囲より5℃以上の気温上昇が認められています。つまり、地表面が熱くなり対流（上昇流）が発生しやすくなるだけでなく、大気中に含まれる水蒸気量が増加し、可降水量が著しく増えることで、１００㎜／ｈを超えるような短時間豪雨が頻発するのです。これを「都市型積乱雲」とよんでいます。3点目として、２０２４年の夏は、上空の寒気の侵入や熱帯低気圧、台風、前線などにより、大気が不安定になる日が多かった点が挙げられます。同じ積乱雲が湧いても、２０２４年の方が雲頂も高くまで発達し、面積も大きくなり、結果と

雨中で開催されるイベント

して落雷数が著しく増加したと考えられます。すなわち、１個の積乱雲が巨大化して、数千回から1万回におよぶ「落雷の集中」がしばしば発生したわけです。まさに、サンダーストーム、嵐です。

最新の落雷事故例として、２０２３年と２０２４年に発生した3件の落雷事故、北見落雷事故（２０２３年10月1日）、宮崎サッカーグラウンド落雷事故（２０２４年４月３日）、栃木野外ロックフェスティバル落雷事故（２０２４年９月８日）を３・６〜３・８で新たに取り上げて考察したいと思います。

これらの例はいずれも、急速に積乱雲が発達し、アッという間に落雷が襲ってきたかを物語っており、一方で大人数の避難行動には難しい点がいくつも存在することを示唆しています。

3.1 野外イベント会場（2012年8月18日）

当日、野外コンサートが予定されていた大阪市内の長居公園では、突然の雷雨のために大勢の人が公園周辺で雨宿りをしていました。午後2時過ぎと3時ごろに、2回の落雷が公園内であり、計10人が病院に搬送され、その内の2人が死亡しました（図３・１）。長居公園周辺は、緑地内にサッカースタジアム、陸上競技場や運動場などが存在します。当時、公園内の建物の陰や公衆トイレなどに逃げた人もいましたが、多くの人は林の中で雷雨が通過するのを待っているしかない状況でした。

雷電流がどのように人体に伝わったのか、詳細は不明ですが、状況から判断して、

木への直撃雷が木の側にいた人に伝わる側撃雷か、あるいは地面を伝わった雷電流（地電流）による感電が原因と推測されます。落雷の地電流によって一度に多数の被害者が出ることも珍しくありません。

よく、「雷三日」といわれるように、イベント前後の３日間大気は不安定で、日本各地で雷雨が続きました。当日の天気図をみると、日本列島は太平洋高気圧に覆われた〝夏型〟でした。下層に暖湿気が流入し、上空に寒気が南下するという典型的な不安定パターンの状況下であり、各地で積乱雲が急速に発達しました。当日の落雷は、全国で約７８０００個、大阪市内では約１４００個が観測されています。* 長居公園の落雷事故の他にも、北アルプスの山頂付近で登山者が雷撃を受けて１人が亡くなり、また大津市ではジョギング中の中学生が落雷に遭い意識不明の重体になるなど、各地で被害が頻発しました。近畿地方でも、甲子園の高校野球が雷雨のために２時間以上中断しました。

雷３日は上空の寒冷低気圧の
動きが遅くて不安定な大気の
状態がしばらく続くこと。
梅雨明けや夏の終わり
に多いよ。

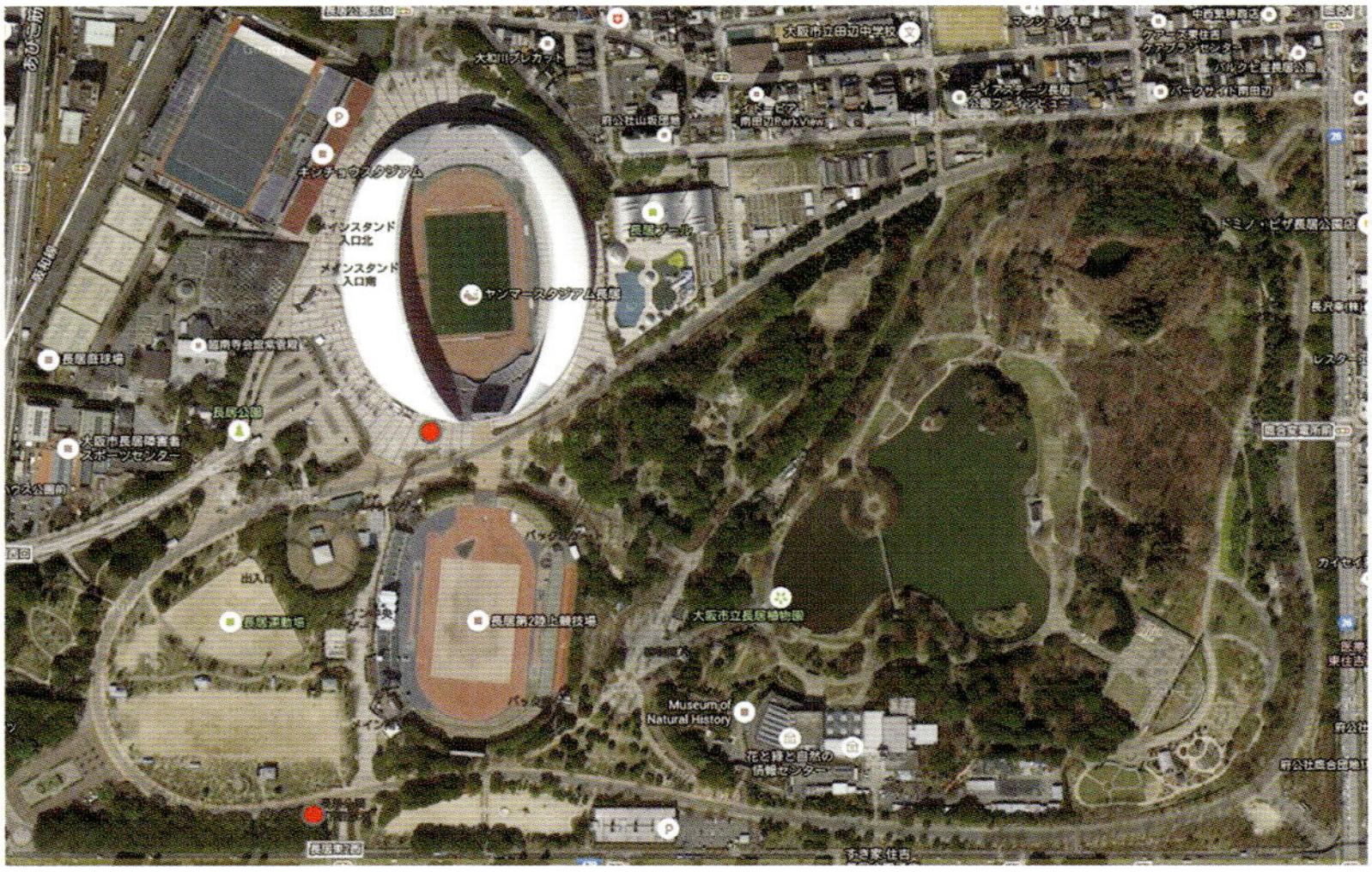
長居公園
大阪市立長居植物園
Museum of Natural History

図3.1　長居運動公園と雷撃地点（●）（Google mapに加筆）

なぜこの日、平野部や都市部など至る所で雷雲が発生したのでしょうか。一般に、通常の夕立（熱雷）は安定した太平洋高気圧内で日射によって地表面が加熱された結果、午後遅い時刻に内陸や山岳域で発生します。これに対して、上空に寒気が進入して不安定度が高まると、平野部にも熱帯のように、朝からモクモクした積乱雲が〝ゲリラ〟的に発生します。

落雷の直撃のあった長居公園周辺で、どのような行動をとるべきだったのでしょうか。激しい雷雨の中で、周囲に何があるかわからない多くの観客が林の中で様子をうかがっていたのは致し方ないことだといえます。

落雷から身を守るためには、とにかく構造物の中や車中に退避することですが、万一周囲に構造物がない場合は、安全な空間*を探しましょう。樹木は、側撃雷（４・１節）の危険性が高いので、木の高さによらず直ちに離れましょう。また、森や林の中であっても、高い木に落ちることは変わりませんから、決して安全ではありません。ただ、今回のように森の中で雷雨に遭った場合は、なるべく木がまばらな場所を探してしゃがんでいればリスクは軽減されます。何もない所では、電線の下も保護域となりますから、リスクは軽減されることを覚えておきましょう。

野外で活動再開する目安は、〝雷鳴後30分たって次の雷鳴が聞こえない〟ことですが、身の危険を感じる状況では、ある程度、雷が収まったら直ちに安全な場所に移動しましょう。野外では、雷鳴が聞こえたらすぐに退避行動に移ることが重要です。イベント会場など多くの人が集まる場所では、たとえ主催者が適切な判断をし

＊２０１２年８月18日の落雷観測
フランクリン・ジャパンの落雷データによる。

＊安全な空間
「保護域」とよばれる。一般に、高さ５ｍ以上30ｍ以下の高い物体（塔、煙突など電気の通しやすい構造物）のてっぺんを45度以上の角度で見上げる範囲の領域が保護範囲となる。４・２節参照。

たとしても、大勢の人が直ちに退避行動をとるのは困難を伴います。年に数回あるかないかの不安定な時は、行動予定を再検討しましょう。特に今回のように、台風、前線など天気図に現れない状況で発生する雷雨には要注意です。

3.2 釣り（2013年7月8日）

２０１３年７月８日午後３時50分頃、東京都北区の荒川で中州にいた男性３人が落雷を受け、１人が死亡、２人がやけどなどのけがを負いました（図３・２）。当日の関東地方は、猛暑の中で大気が不安定になり、積乱雲が各地で発生し雷雨に見舞われました。釣りに来ていた３人は、突然の雷雨のため近くの小屋に避難しましたが、風雨が強くなったので危険を感じて、高さ15ｍ以上ある大木の下に移動して雨宿りをしていたところ、雷撃に遭いました。３人は側撃雷を受けたと考えられ、木に最も近かった人が死亡、次に近かった人は洋服が裂け、やけどを負い、最も離れていた人は比較的軽傷で済みました。

図3.2　荒川中州の落雷地点（×）（上）と電撃時の模式図（下）
（国土地理院ウェブサイトに加筆）

３人とも雷撃による強い衝撃を受けましたが、３人の被害の違いは、まさに〝木の側は最も危険〟、一方で保護域（４・２節）にいれば安全であることを物語っています（図３・２（下））。現実には、雷雨の中で木から４ｍ離れてしまうとずぶ濡れになってしまい、勇気のいる行動ですが、中州のような避難場所がない場合は、保護域内で足をそろえてしゃがみ（雷しゃがみ）、とにかく命を守ることが大事です。

コラム❻ 登山中の雷（1967年8月1日）

雷注意報が出ている時、大気が不安定で天気予報で注意を呼び掛けている時は、登山やハイキングを中止するのが一番です。山の天気は変わりやすく、平野部の天気とは大きく異なります。さらに、高い山では雷放電路は真横や下からやってきます。登山中は、常に雷鳴に注意し、雷鳴が聞こえたらすぐに建物等の安全な空間に避難します。山頂や尾根など高い所は最も危険な場所です。

1967年8月1日13時40分ごろ、松本深志高校の46人（教諭5人含む）が、北アルプス西穂高岳の登山中に落雷に遭遇して、11人が死亡、14人が重軽傷を負いました。世界の落雷事故記録において現在でも最大の惨事です。一行は12時45分に西穂高岳山頂（海抜2909m）を出発し下山の途につき、途中西穂高岳独標（海抜2640mの険しい岩山）にさしかかった時に、天気が急変し雹まじりの激しい雷雨に見舞われました。一行は、西穂高山荘に避難するために、一列縦列で急ぎましたが、ちょうど独標（2640mの頂上）を越えつつある時に雷撃に遭遇しました。独標を越えた南斜面に10人、頂上に8人、北斜面に23人、鞍部に5人がいましたが、北斜面にいた23人に死亡、重症の被害者が集中しました。その後の調査により、落雷の放電路は独標上空で分岐し、主な放電路が北斜面にいた最上位の生徒から23人に数珠つなぎで鞍部に達したと結論づけました。奇跡的に一命を取り留めた人は、背中のザック中にあった水筒やカメラなど金属に著しい電流痕跡があり、身体に接した金属が雷電流を逃がす効果（ジッパー効果とよばれる）が初めて検証されました。

3.3 ビーチ（2016年7月24日）

2016年7月24日午後2時45分頃、沖縄県糸満市の美々ビーチいとまんで、ビーチ入口の広場に落雷がありました（図3・3）。雷撃事故はビーチにいた人たちが建物に避難する最中に起こり、雷撃により男性4人が負傷しました。当日は、大気が不安定になり雷注意報が出されたためビーチでは遊泳が中止となっていました。広場は、ビーチの管理棟やトイレ等の構造物に面していましたが、落雷はこれらの相対的に高い構造物ではなく、地面に落ちました。幸い、雷撃を受けた方はいち早い蘇生措置により大事に至らずにすみましたが、たとえ周囲に高い構造物があったとしても、水平距離で数十m離れてしまうと、このように地面に落ちることも珍しくありません。

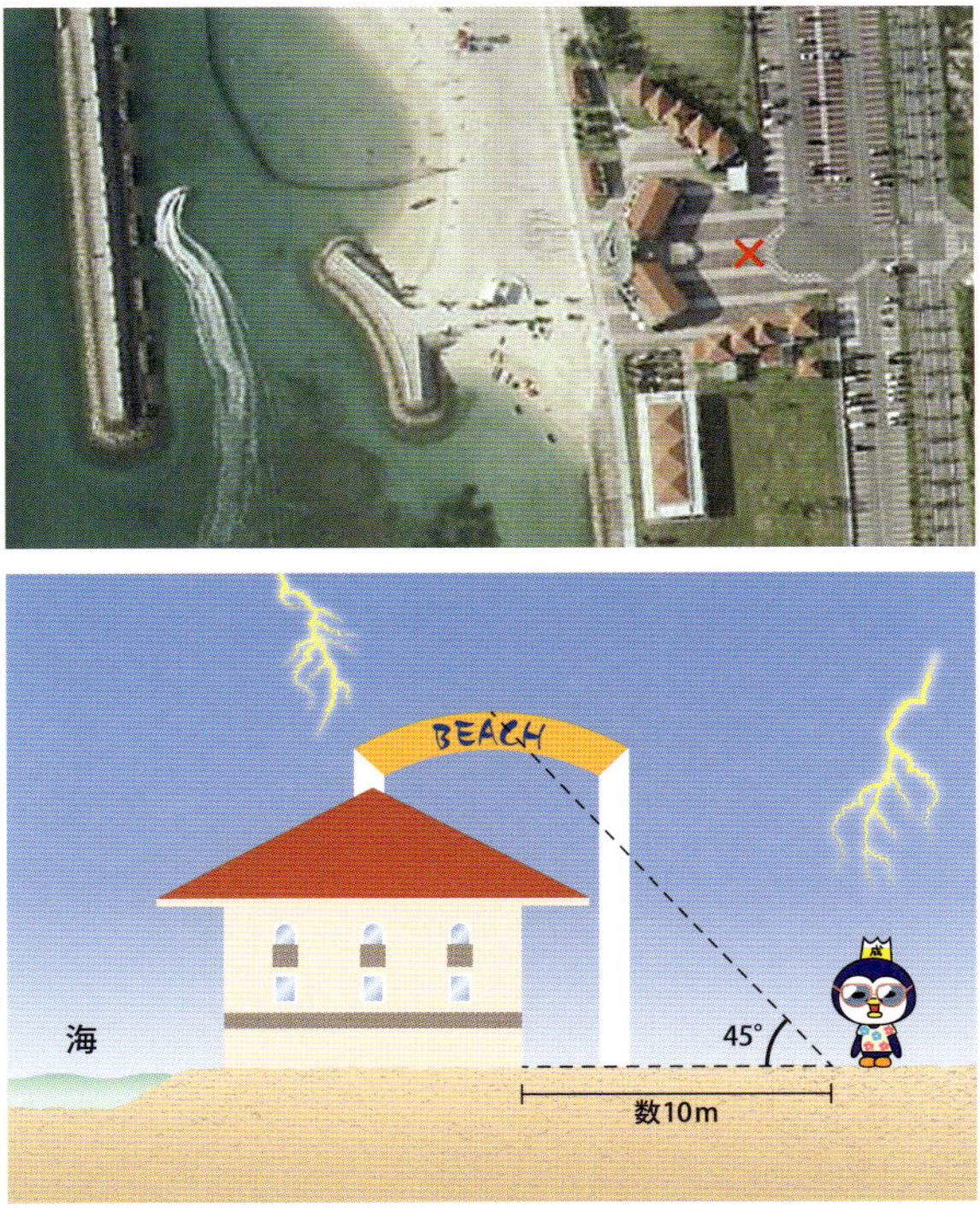

図3.3　美々ビーチいとまんの落雷地点（×）（上）と電撃時の模式図（下）
（国土地理院ウェブサイトに加筆）

コラム❼　雷鳴のゴロゴロ

落雷の放電路は、ステップトリーダとよばれる先駆雷撃が空気を絶縁破壊しながら伸展します。ステップトリーダは導電性の高い電荷であり、これが空気をつき破りながら地面に向かっていきます。そのため、放電路は高温（30000K）に達し、閃光（雷光）を生むだけでなく、衝撃波が発生し雷鳴となり、「バリバリ」、「ゴロゴロ」という音が発生するのです。衝撃波は、物体が音波（約340m／s）を超えて移動する際に生じる現象であり、ジェット機、ロケット、隕石などの衝撃波による爆発音を聞いたことのある人は多いはずです。また、ステップトリーダの平均速度は10^5m／s程度ですから、衝撃波の発生条件は満たします。30000Kの空気が爆発的に膨張する効果も加わります。ただし、「バリバリ」と「ゴロゴロ」の音の違いはよくわかっていません。* ステップトリーダが地面に達した瞬間、つまり落雷の瞬間にも衝撃波が生じます。落雷点の近くでは衝撃波によって吹き飛ばされてしまいます。

＊雷の音の違い
おそらく、雲内放電や地上落雷といった放電経路の違いと考えられる。

3.4 クラブ活動（野球グラウンド　2016年8月4日）

２０１６年８月４日午後３時55分頃、埼玉県川越市の高校のグラウンドに落雷があり、野球の試合に来ていた高校１年生が、一塁付近で雷撃に遭いました（図３・４）。同様の運動グラウンドにおける事故は、２０１４年６月24日、横浜市内の公園でグラウンド整備中の男性２人が雷撃に遭い、１人が重傷、２０１４年８月６日、愛知県扶桑町（ふそうちょう）の高校グラウンドに落雷があり、マウンドに立っていた投手が意識不明の重体となり、翌日亡くなった事例があります。

「雨が強くなったために試合を中断し、５分ほど経って晴れ間が見えたために再開した。」

「晴れ間が見えていたので大丈夫と思った。」

「周囲で雷の音はしていなかった。」

などの証言があり、埼玉のグラウンド周辺

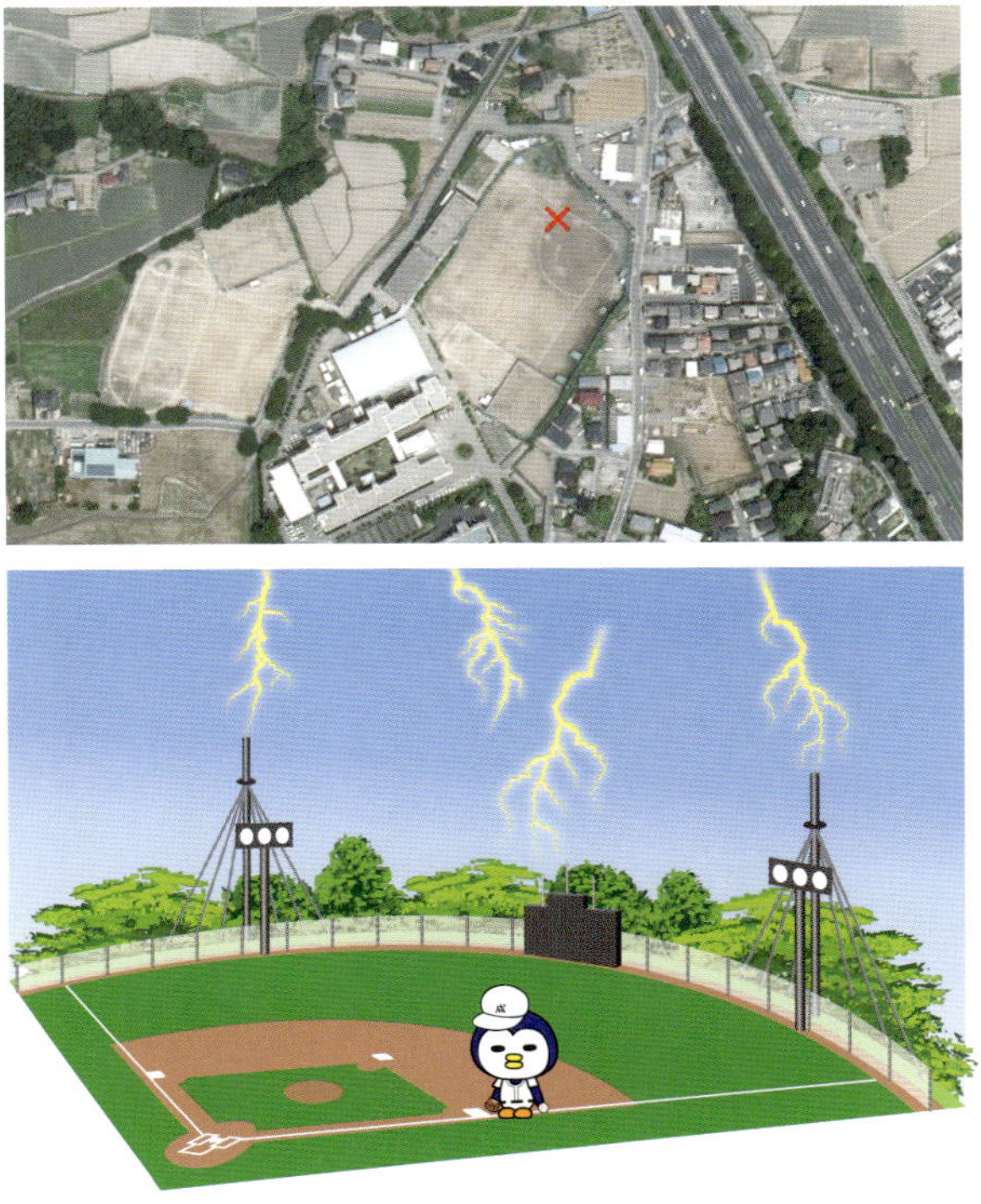

図3.4　高校グラウンドの落雷地点（×）（上）と電撃時の模式図（下）
（国土地理院ウェブサイトに加筆）

には計12本の避雷針があったこともわかっています。

急速に発達する積乱雲（雷雲）の真下では真っ暗になりますが、少し離れた場所では晴れていても不思議ではありません。積乱雲の最盛期に形成される最初の落雷が自分の近くで発生した場合、その落雷までの間に雷鳴は聞こえません。また、積乱雲が通り過ぎても近くに別の積乱雲が発生することも多々あります。さらに、避雷針の保護域はせいぜい数十m程度ですから、広いグラウンドの場合、雷の落ちる可能性は極めて高くなります。

3.5 花火大会（2017年8月19日）

2017年8月19日、関東地方は雷雨に見舞われ、多摩川河川敷の運動公園（東京都世田谷区）で花火大会に来ていた男女7人が落雷で負傷しました。花火も雷も夏の風物詩とはいえ、楽しいはずの花火大会が中止になっただけではなく、突然の風雨と落雷に驚き恐怖の体験をされた方も多かったと思います。過去にも花火大会時の雨、風、雷によりさまざまな被害や問題が生じています。

8月19日当日は、朝から晴れて夏らしい日でした。午

グラウンドへの落雷事例
（写真提供：音羽電機工業株式会社／根岸雄児［第11回雷写真コンテスト銀賞　目前のグラウンドへの落雷（拡大）］）

前中から各地で積雲、積乱雲の発生が確認できましたが、お昼の段階で積乱雲がこれほど発達することは想像できず、その後、東京23区内では夕方にかけて天気が急変しました。多摩川河川敷の落雷事故（午後6時頃）前の午後5時34分に横須賀から観測された積乱雲を見ると、発達中の巨大な積乱雲*がすでに東京上空を覆っていたことがわかります（図3・5（上））。この積乱雲を遡ると、午後3時頃から東京北西部で湧き始め、午後4時頃になると東京23区北西部で急速に発達し、徐々に南下しました。

フェーズドアレイレーダーで捉えた積乱雲の3次元エコー（図3・5（中））を見ると、エコー頂高度が15㎞を超える非常に発達した積乱雲エコーがちょうど落雷事故現場に達していました。今回の巨大積乱雲の発達過程は、練馬豪雨*（1999年7月21日）に見られた積乱雲とよく似ており、雲頂のかなとこ雲が急速に広がるのが特徴的で、100m/hを超える局地的な豪雨だけでなく、降雹（こうひょう）も都内で観測されました。

当日、午後4時から午後6時の落雷位置を10分ごとに色分けして地図上に描くと、北西から南東にかけて時間とともに落雷位置が広がった様子がわかります（図3・5（下））。巨大積乱雲の形成は、落雷の集中をもたらし、都内の広範囲で落雷が頻発し、この日の関東南部では1万回を超える落雷が観測されました。

落雷事故周辺の多摩川河川敷では、午後6時にはすでに多くの見物客が集まり、北の空から近づいてくる真っ黒な雷雲と雷放電を目の当たりにして退避行動を開始

＊巨大な積乱雲
あさがお状に爆発的に広がるかなとこ雲は、上昇流の強さも示唆している。

＊練馬豪雨
当日練馬区では131㎜/hの局地的豪雨が観測された。水平スケールが100㎞を超えた巨大積乱雲はスーパーセル的構造を有し、豪雨、降雹、落雷、強風により都市機能はマヒした。

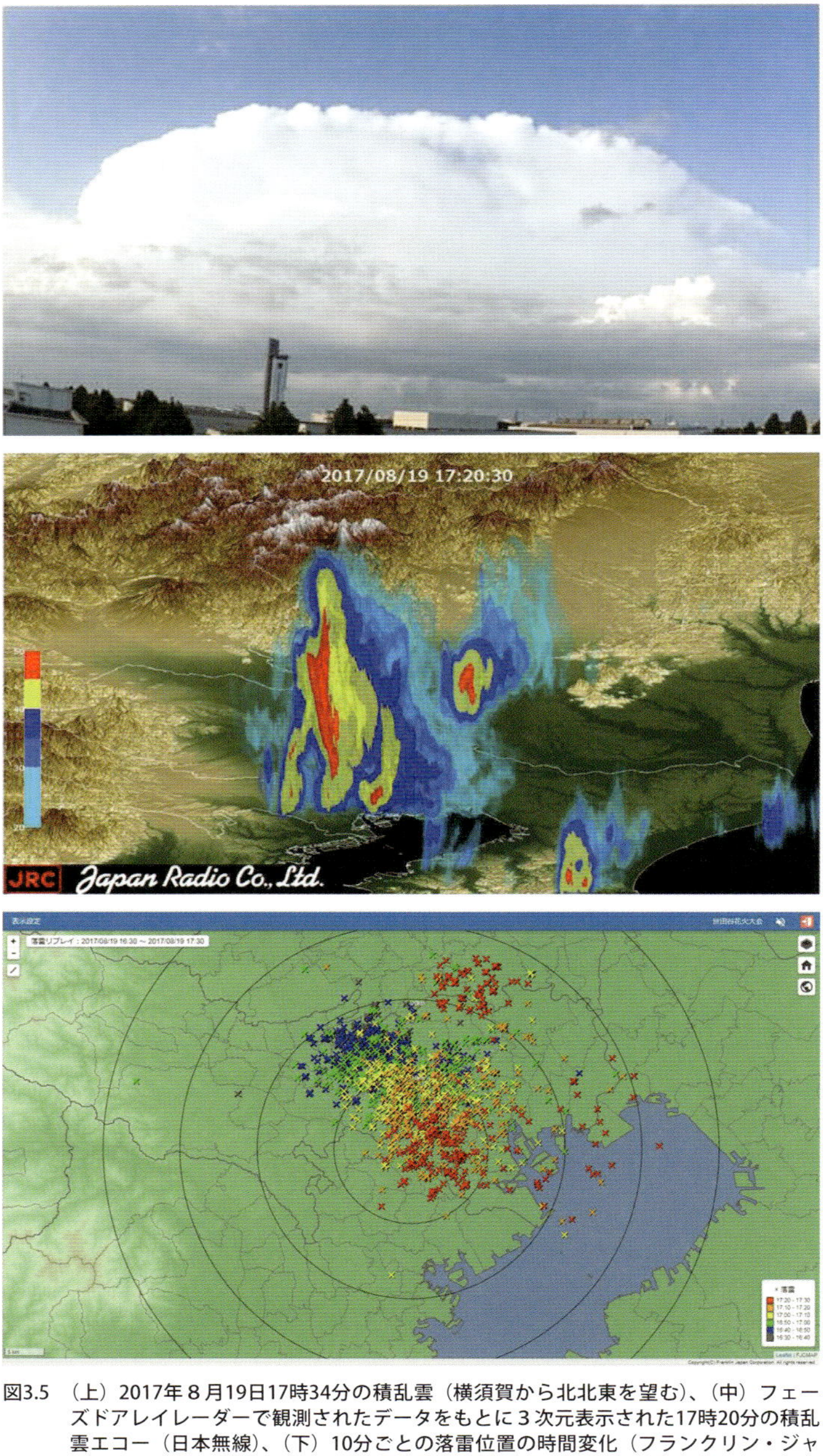

図3.5　（上）2017年８月19日17時34分の積乱雲（横須賀から北北東を望む）、（中）フェーズドアレイレーダーで観測されたデータをもとに３次元表示された17時20分の積乱雲エコー（日本無線）、（下）10分ごとの落雷位置の時間変化（フランクリン・ジャパン）

した人もいましたが、河川敷にとどまった人も少なくありませんでした。雷撃事故は午後6時頃、河川敷への落雷によって生じました。目撃証言から、運動公園のポールに雷撃があったと考えられ、このポールの近くにいた人が雷電流による被害（やけど）を受けたものとみられます。雷撃時、被害に遭った人たちの姿勢はわかりませんが、多くの人が座っていたことを考慮すると、地面を伝わった雷電流が人体に流れた*と推測され、電流が心臓を通らなかったために命に別状はなかったものと思われます。今回はポールが避雷針の役割を果たしたといえますが、直接、人に落ちる可能性もあったわけです。さらに、河川敷で傘をさした人も数多くいましたが、長いものを頭より高くかかげると雷撃を受ける可能性が高くなり大変危険ですから絶対にやめましょう。

今回、落雷事故のあった河川敷という場所は、海水浴場（海岸線）や山の稜線などと同様に、周囲に逃げる場所がないという意味では危険な場所といえます。しかも花火大会という大きなイベントでは数万人規模の人が移動します。また、朝から場所取りをして離れるわけにはいかないという心理が働き避難が遅くなりがちで、大勢の人がいる中でスムーズな行動も期待できません。河川敷はもともと身を隠す場所が少なく、落雷だけではなく、竜巻などの突風や豪雨（河川の増水）の危険も高い場所です。当日、近くの橋の下で雨宿りをした人も見られました。とっさの判断としては致し方ありませんが、お勧めできる退避場所とはいえません。

花火大会のように大勢の人が集まる野外イベントでは、参加者、主催者、行政（警

＊地面からの電流
例えば、体育座りをしていた人に対しては、お尻と足先の間に電流が流れたため、雷電流は心臓を通らずに結果として軽傷ですんだと考えられる。

気象庁のレーダーナウキャストなど雨雲レーダーならリアルタイムで雨雲のようすがわかるよ。スマホやタブレットでチェックしてみよう！
キリッ

察など）が天気をはじめ交通渋滞や人の移動などの情報を共有することが重要といえます。

❶ 早めに会場を離れる（街なかの建物の中へ）。

❷ リアルタイムの気象情報を常にチェックする（個人でできること）。

❸ 一時中断、中止、避難誘導など、早めの決定・対応を行う（主催者の対応）。

❹ 特定イベントに対するスマホアプリなど、さまざまな情報サービスの充実を図る（主催者およびイベント参加者へのメール配信など）。

２０１３年長野県諏訪湖の花火大会では、開始直後からの雷を伴う大雨のために中止されました。しかし悪天候により交通機関は運転を見合わせ、高速道路も通行止めになったため、一時６０００人を超える人が帰宅困難となり、急きょ用意された公共施設内の避難所などで一夜を過ごした人が続出しました。また、雨にぬれて低体温症のため、37人が病院で手当てを受ける影響が出ました。同じ年の隅田川花火大会でも直前の雷雨で中止になり、混乱を極めました。花火大会だけでなく野外コンサートやお祭り、スポーツイベントなど、大勢の人が集まる場所での極端気象（異常気象）に対する危機管理は、非常に重要です。

花火大会の地電流

成
ビリ
ビリ

3.6 北見落雷事故（2023年10月1日）

2023年10月1日、北海道北見市で高校の屋外活動中に突然の雷雨に見舞われました。学校恒例の競技会のゴール付近に待機していた生徒や保護者が突然の雷雨に遭遇した事例です。ゴールは近くの公園内に設営され、そこには少なくとも数十人が集まっていたものと思われます。雷は公園内の木に落ち、木の幹が引き裂かれた痕跡*が残っていました。当時、雷雨に見舞われるとすぐに先生が、木から離れるように大声で叫び注意喚起を続けた結果、数名が雷電流の影響を受けたものの、大事には至りませんでした。

ここでのポイントは、雷が公園の林のどの木に落ちるかはわからないものの、木の側で雨宿りをしていると側撃雷のリスクが高まるという点を、十分に理解したうえで退避行動を促した点です。もちろん、落雷地点近傍に居た人は影響を受けましたが、軽傷で済み大事には至りませんでした。つまり、命を守るという観点から、木から離れるという行為がいかに重要であったのかがわかります。不幸

落雷のあった北見市の常盤公園（Google map）

雷獣の爪痕

＊落雷により、樹の幹が引き裂かれた傷跡「雷獣の爪痕」とよぶ。

中の幸いというより、適切な退避行動が側撃雷による死亡事故を防いだ事例といえます。

雷電流の影響を考えてみましょう。落雷の放電路が地上に達すると同時に雲と大地の間で大電流が流れて、落雷地点から四方八方に電流が流れ、エネルギーは分散されます。この地面を流れる雷電流を、「地電流」とよびます。もし、地電流が流れている時に人が立っていたらどうなるでしょうか。一般に、地面に立っている両足の間には電位差が生じ、その結果電流が流れます、つまり、右（左）足から入って左（右）足に抜けるように、足から足へと電流が流れ、結果として下半身にしびれを感じるのです。専門的には、「歩幅電圧傷害」とよびます。歩幅電圧傷害は、心臓を通らないので死に至ることは少なく、直撃雷、側撃雷に比べて致死率は極めて小さいといえます。なお、片足立ちだと電流は流れないので安全ですが、不安定な姿勢なので、足を揃えて身をかがめる「雷しゃがみ」を推奨しています。

これまでの研究では、落雷地点から数百mから1㎞くらいまでは雷電流が観測されています。人間に対する影響がどの程度の範囲におよぶかは、落雷のエネルギー、地面の状態、人の姿勢や靴などの条件によって異なりますが、少なくとも100m以内だと、しびれを感じたり、金縛りのように倒れたり、気を失ったりする可能性があります。

後述の野外フェスの事例もそうですが、公園内への落雷は要注意です。林、トイレ、東屋など避難場所は結構ありそうですが、林、東屋は非常にリスクが高い場所

一般的な公園（大泉中央公園）

といえます。簡易式でないしっかりとした構造物であるトイレはほぼ安全ですが、大勢の人が入るスペースはありません。

3.7 宮崎サッカーグラウンド落雷事故（２０２４年４月３日）

２０２４年４月３日、宮崎市内の高台にある高校グラウンドで落雷事故が発生しました。サッカーの練習試合に参加した１００人以上の生徒や指導者がウォーミングアップ中の突然の落雷により、意識不明の２人を含む18人が搬送される事態となりました。グラウンドの芝生には雷撃の痕跡が残されており、一度の雷撃で多くの人が感電したと考えられています。

医学的な観点からの公式見解は出されていませんが、落雷当時の証言を総合すると、直撃雷ではなく地電流あるいは雷撃の衝撃（衝撃波）によるものと推測されます。地電流の影響も至近距離だと人体に大きなインパクトがある点、雷撃点近傍では衝撃で大人でも飛ばされるほどのパワーがある点が再度認識された事例です。

事故当時は県内に雷注意報が発表されていたものの、グラウンド上空は比較的穏やかな天候で雷鳴も全く聞こえていない状況でした。当時の空模様は曇天で、春先の花曇りといえる状況でした。レーダーエコーをみると、熊本との県境付近に積乱雲エコーは確認できたものの、当該グラウンド上では周囲に真夏にみられるモクモクとした積乱雲は目視で観測できませんでした。当然、雷鳴、雷光も全くなく、最初の落雷によって被害がもたらされたといえます。

落雷のあったサッカーグラウンド（Google map）

わが国では、冬季雷に伴う「一発雷」とよばれる落雷など不活発な雷雲からの落雷もしばしば観測されます。この事例の場合、後で冷静に振り返っても大変判断の難しい事例といえます。強いて挙げれば、スマホなどで接近中の積乱雲（レーダーエコー）を確認して早めの中断を行うべきであったかもしれません。ただし、ここまで厳しくすると、多くの野外活動ができない事態となるでしょう。

3.8 栃木野外ロックフェスティバル落雷事故（2024年9月8日）

２０２４年９月８日、栃木県真岡市内で開催された野外ロックフェスティバル（野外フェス）で落雷事故が発生しました。８日16時20分ごろ運動広場で開催されていた野外ライブイベントの会場付近に複数回の落雷がありました。そのうちの１回がステージ後方の木に落ちたとみられ、近くの仮設大型テント内に待機していたボランティア９人が軽傷を負い、６人が緊急搬送されました。皆、足にしびれを感じ、中には椅子から転んで立てない人もいました。けがの内容は、感電による負傷とみられています。

当日は連日の猛暑が続く中、大気が不安定で午後から各地で積乱雲が湧き、北関東では積乱雲が非常に発達しました。落雷事故をもたらした積乱雲も15時すぎから急速に発達し巨大な積乱雲に成長し、その後も夜中まで群馬県内で時間雨量１００㎜を超える短時間豪雨が続きました。

会場では、３か所に高さ30ｍの仮設避雷針*を設置し、各々半径１００ｍの保護エ

＊**仮設避雷針**
通常の落雷を誘雷する構造ではなく、先端からマイナスイオンを発生させあるエリアを保護するもの

リアを確保していました。ライブは午前10時に開演し、雨雲レーダーや落雷情報をリアルタイムで収集しながら進められ、強い雨が降り始めた15時40分ごろに演奏中止と保護エリアへの誘導を始めました。1万人を超える観客に対しては、大型モニターで落雷から身を守る基本姿勢「雷しゃがみ」とるように促しました。雷雨の中、観客は保護エリアで、雷しゃがみなどをして身をかがめ、雷の通過を待ちました。

感電の原因は、側撃雷により、木への雷撃が直接テントに乗り移ったことと地電流が考えられました。保護エリアの境界と落雷した木との水平距離は約100m、木と仮設テントの水平距離は約20mでした。落雷した木から雷電流が20m先のテントに乗り移る可能性はゼロではありませんが、もしそうだとすると、テントの布や支柱の金属部分に焦げ目などの痕跡が残されるはずです。今回、そのような痕跡は残されてなかったようです。当時、テント内には約20人が待機しており、パイプ椅子に座っていた9人が負傷し、足にしびれを感じた状況を考慮すると、地電流により感電した可能性が高いと考えられました。座っていた足と足の間を雷電流が流れたのか、パイプ椅子の金属部分に電流が伝わり足先に流れたのかはわかりませんが、落雷地点から20mという距離は、地電流にとっては至近距離といえるスケールです。

今回の事例をまとめると、主催者側は考えられる雷対策*をとっており、実際に1万人以上の観客は守られたわけです。また、テント内に待機していたスタッフも、保護エリアに移動する直前の出来事でした。つまり、悪天候に対する対策は万全を期していたにもかかわらず、結果として事故が起きてしまいました。結果論になり

＊考えられる雷対策
専門業者との契約、避雷針の設置、気象情報の収集、雷雨時の誘導、身を守る姿勢の周知等

落雷のあったイベント会場（Google map）

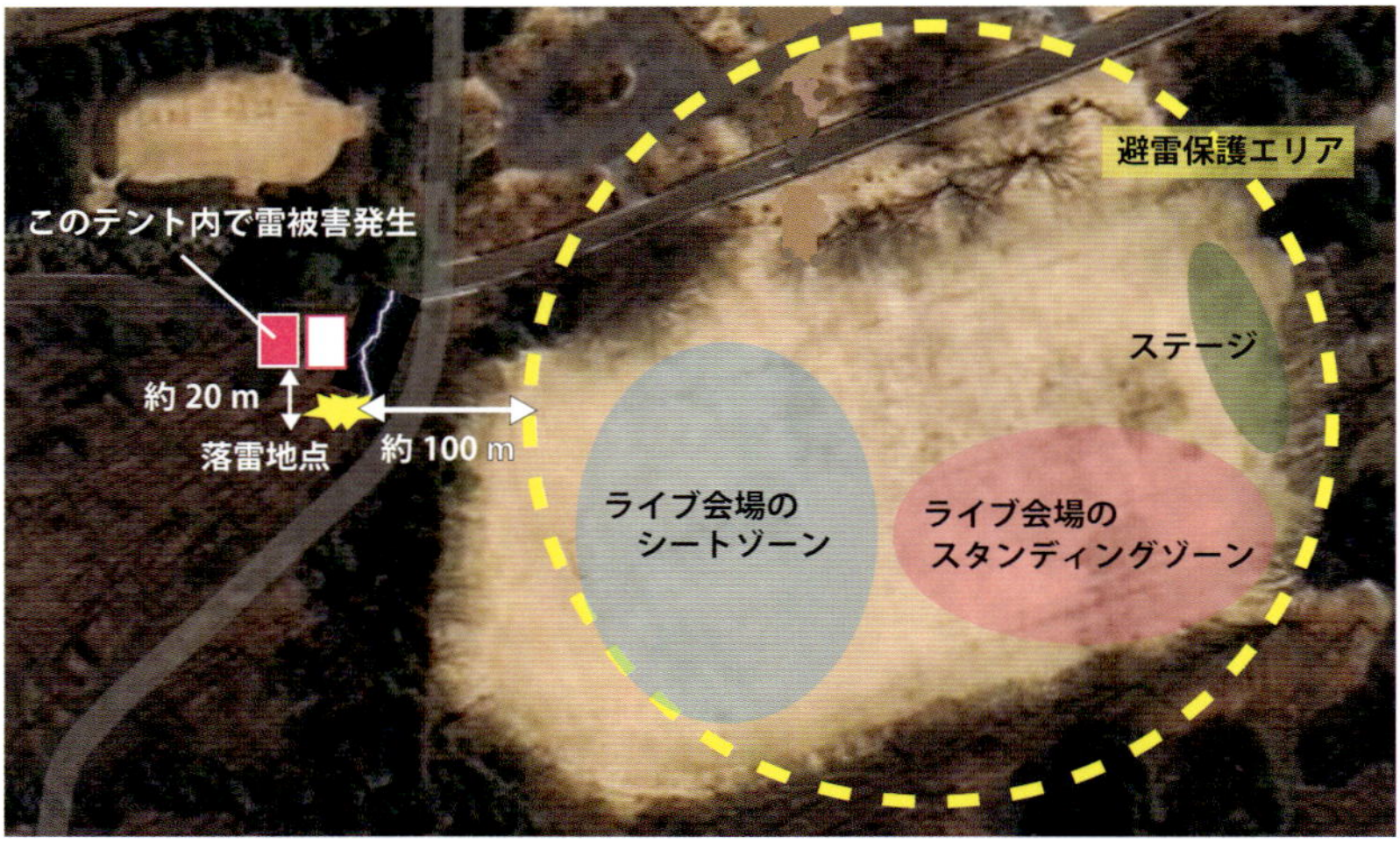

落雷事故のあった野外フェス会場の被害箇所と保護エリア（Google mapに加筆）

ますが、あと5分早ければ事故は起こらなかったわけです。

今回のように、観客全体が盛り上がってイベントに集中している中で水を差すようなことはなかなか判断できないことも分かります。ただ、近傍で積乱雲が発達して接近することが判明した段階で退避行動を始めないと1万人を超える人を避難させることは難しいといえます。雷雲の中でずぶ濡れになりながら怖い思いをされた方の中には、低体温症などで体調を崩された方も少なくなかったと思います。やはり、屋外で落雷に100%安全はないことを物語っています。

発達した積乱雲から放たれる雷

このように最近の落雷事故事例をみても、非常に判断の難しい状況下で発生していることがわかります。事後非難することは簡単ですが、温暖化の中極端気象を的確に予測しながら行動したり、開催、運営したりするのは至難の業といえます。夏の風物詩である花火も、開催時期そのものを変更する時期に来ているのかもしれません。気候変動というのは、私たちの行動だけでなく、長く築き上げてきた文化にまで影響することを理解する必要があります。

雷サージ

この夏も落雷の異常発生により、ＳＮＳなどにはテレビやエアコンなどの家電製品が壊れたというつぶやきが多数みられました。

落雷による異常な過電流が家内や室内に入り込み、電話線や蛇口の金属部分で感電するなどという人的被害や、テレビ、エアコン、パソコンなどの電子部品を用いた電化製品の回路が壊れるという物的被害は昔から報告され、知られていました。

このような、室内に入り込んでくる雷電流を総称して、最近では「雷サージ」とよぶようになりました。雷サージには３種類あり、①直撃雷による雷電流が家のさまざまな箇所（配線、壁など）から入り込むパターン、②近傍の落雷による雷電流が送電線や電話線を伝わり入り込むパターン、③雷放電に伴い発生する電磁波が空気中を伝わり室内に入り込むパターンです。②のパターンは数百ｍから１km程度離れた場所に落ちた雷からも影響があるので要注意です。

野外で開催される大規模イベントは避難にも時間がかかる。

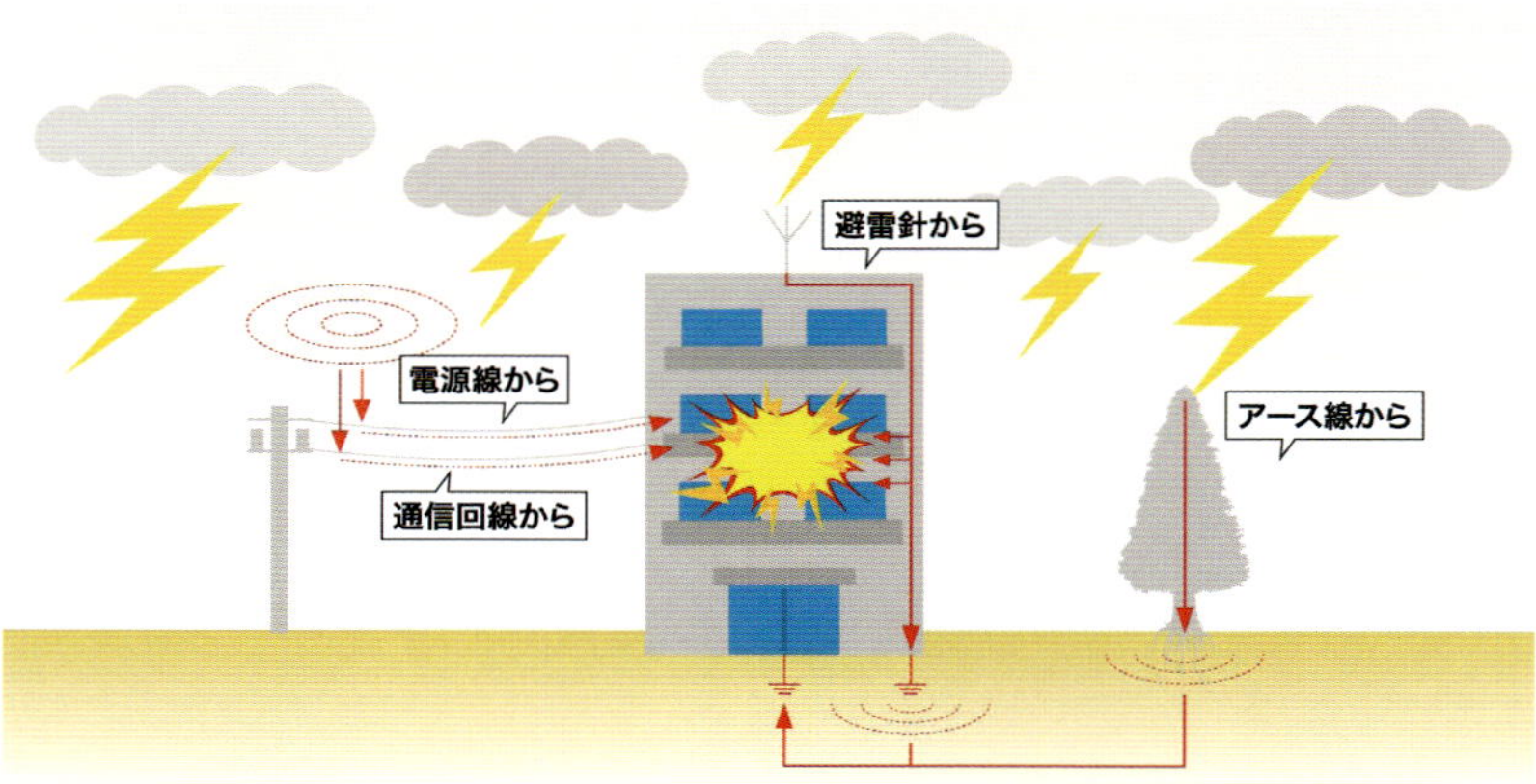

雷サージによる被害のイメージ（(株) アイマリックホームページより）

誘導雷といういい方もされましたが、厳密には落雷に伴う電流であり、雷放電に伴う電磁波ということになり、両者を併せて雷サージとよんでいます。

4章　落雷から身を守る

4.1 直撃雷と側撃雷

落雷による死亡原因は、開けた平地に立っていた場合が最も多く、次に多いのが木の下の雨宿りで、全落雷死の半数以上を占めています。落雷による人的被害数は、この30年間で大きく変化していません（図4・1）。死者数は年に10人以下、負傷者数は20～30人程度であり、他の気象災害（台風や大雨）に伴う人的被害数*に比べて少ない値となっています。これは、雷から身を守るための学習効果の結果といっても過言ではないでしょう。

落雷によって人体はどのような影響を受けるのでしょうか。主な傷害は次

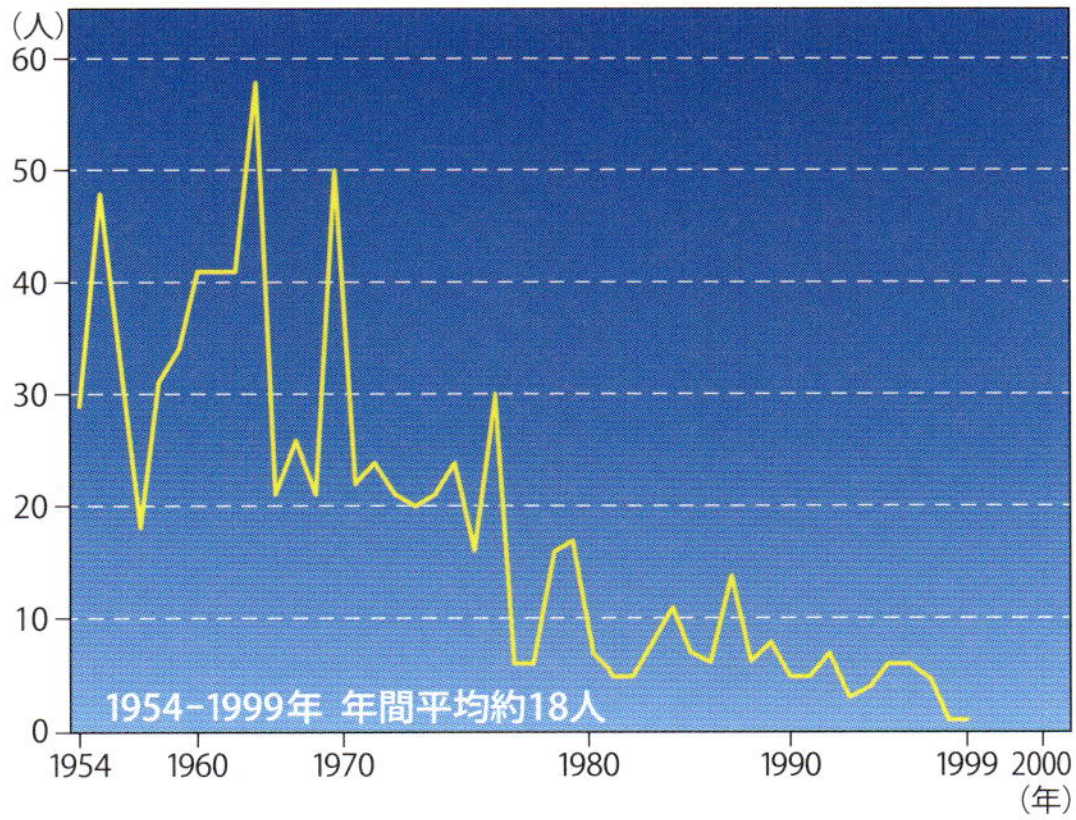
（人）
60
50
40
30
20
10
0
1954
1960
1970
1980
1990
1999
2000
（年）
1954-1999年 年間平均約18人

図4.1　落雷による死者・負傷者の経年変化

＊**気象災害による人的被害**
伊勢湾台風（1959）では死者・行方不明者が5000人を超えるなど、昭和30年代までは、1個の台風で1000人を超える死者数は珍しくなかった。平成に入ると、1個の台風で死者数は100人未満となっている。大雨による死者・行方不明者数も昭和の時代には数百人規模の災害が目立ったが、平成に入ると数十人にまで減っている。

現在は、報道や防災教育、救急法の普及などで雷撃による死者は昔に比べると年々減少しています。
小林

の4つに大別されます。

❶ 直撃雷

平地、海岸、山頂や尾根など周囲の開けた場所では、雷雲から直接人体に向けて放電が生じます。実際に雷撃を受けたケースとして、ウィンドサーフィン中、サーブやスマッシュ時のテニスラケット、登山中などさまざまな事例が報告されています。雷に打たれると感電して即死というイメージがありますが、実際には2割の方は一命を取り留めています。ただし、多くの場合、障害が残りますので、重要なのは早い蘇生措置を施すことです。

❷ 側撃雷

落雷を受けた樹木や人に接近していると被害を受けることがあります、(図4・2左)。樹木より人体の方が電気を通しやすいので、木を流れる落雷電流が人に飛び移るのです。木の下で雨宿りをしている時に発生する死傷事故のほとんどは、側撃雷によるものです。

❸ 歩幅電圧傷害

落雷の近くで地面に触れている部分に、しびれ、やけど、痛みなどが生じることがあります。これは、落雷の電流が地表面を流れる（いわゆる地電流、図4・2右）ことによります。

❹ 電線や金属を伝わる高電圧傷害

落雷に対して屋内や車内は基本的には安全ですが、電話線につながった固定電

図4.2　側撃雷、地電流の模式図

話機、電気コードで接続された機器、水道の蛇口など金属に触れていると、傷害を受けることがあります。また、車の中で窓を開けていたり、車中の機器に触れて感電した事例などがあります。

4.2 保護域とは？

落雷時に木の側は最も危険ですが、逆に木から少し離れた所に最も安全な空間が存在するのをご存じでしょうか。一般に、高さ5ｍ以上30ｍまでの物体、例えば電柱などの頂点を45度の角度にみる空間は、「保護範囲」とよばれ、物体から4ｍ以上離れればほぼ安全といえます（図４・３）。側撃雷を避けるために、木や電柱、鉄塔などの高い物体から少なくとも4ｍ以上離れ、その頂点を45度以上にみる空間内に居れば、ほぼ安全なのです。煙突や鉄塔の高さが30ｍ以上になると、保護域は高さによらず一定値（水平距離で30ｍ）になります。屋外で雷雨に遭った時は、保護域内でじっとしているのが、最も安全です。

送電線は、電気をよく通す導体でできているので、避雷針と同じ効果があり、送電線の下は周囲に比べて安全といえます。また、コンクリート製の電柱は、中に鉄筋が入っており地面にアースをとっているために、雷電流は大地へ逃げるので、コンクリート製の電柱

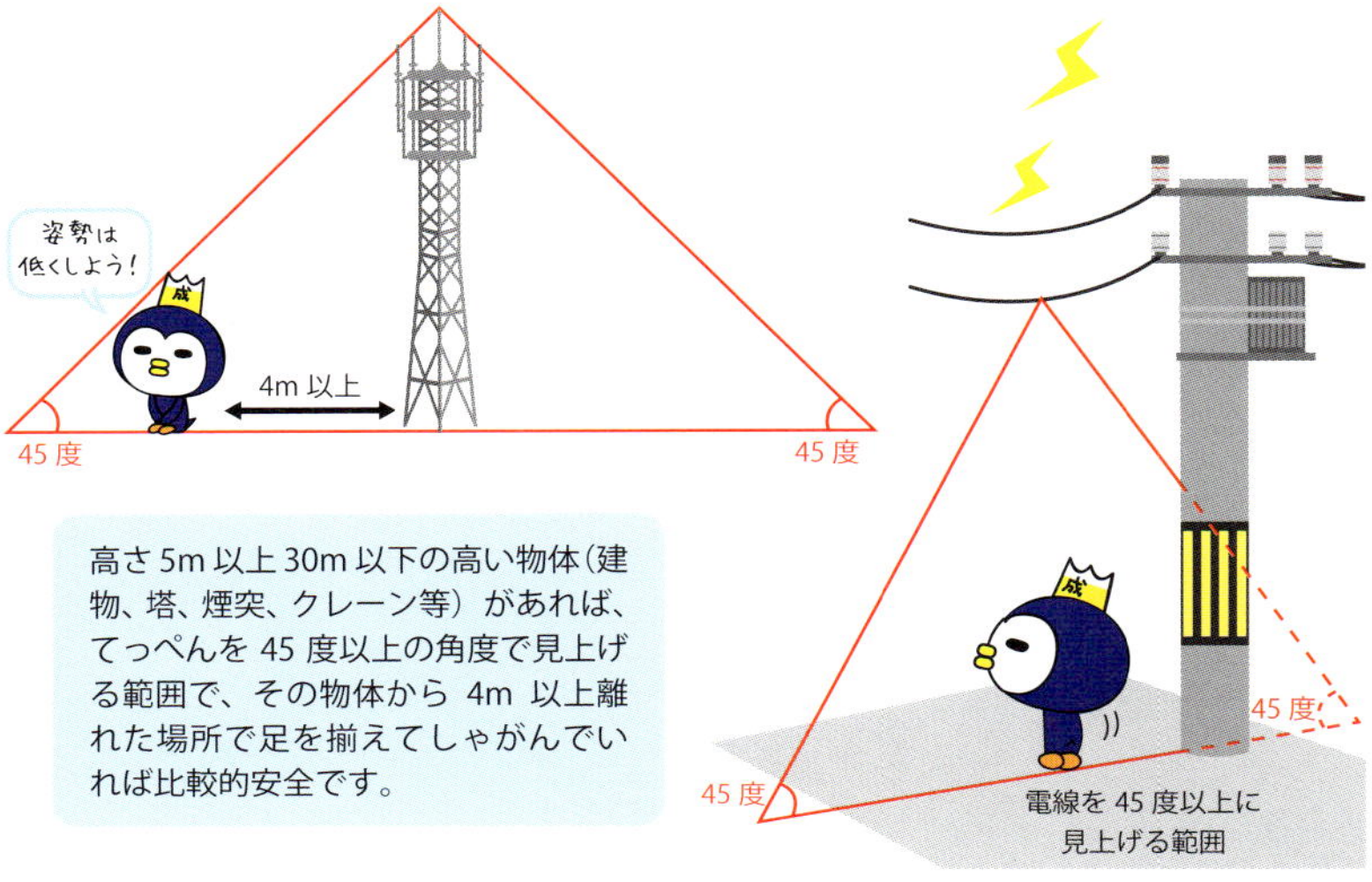
姿勢は低くしよう！
4m 以上
45 度
45 度
高さ 5m 以上 30m 以下の高い物体（建物、塔、煙突、クレーン等）があれば、てっぺんを 45 度以上の角度で見上げる範囲で、その物体から 4m 以上離れた場所で足を揃えてしゃがんでいれば比較的安全です。
45 度
45 度
電線を 45 度以上に見上げる範囲

図4.3　保護域と雷接近時の行動パターン

であれば、電柱のそばでもかなり安全といえます。ただし、とっさの時に電柱の種類や構造を確認することは不可能ですから、保護域で身を低くする基本を守りましょう。

4.3 雷しゃがみ

大気が不安定な日は、いつも使っている学校のグラウンドでも危険度は高まりますが、山の稜線、海水浴場など周囲に開けた場所は、さらに落雷の危険性が高いといえます。キャンプ中のテントは、落雷だけでなく、突風、川の増水などいずれの現象に対しても危険にさらされていると言わざるを得ません。最悪、周囲に逃げこむ施設等がない場合は、しゃがんで身をかがめるのが、屋外で落雷から身を守る基本姿勢です。これを、「雷しゃがみ*」とよんでいます。まず、両足を揃えて膝を充分に折って上半身は前かがみになります。なるべく低い姿勢をとることで、直撃雷を避けることができます。両足を揃えるのは、地電流が両足間を流れるのを防ぐため（歩幅電圧傷害）です。そして、両拇指で耳の穴を塞ぎ残りの指で頭を抱え爆風で鼓膜が破れるのを予防します（図４・４）。

ただし、わずかでも時間的な余裕があれば、建物や車、窪（くぼ）地などの低い場所に逃げましょう。建物が何もない場所では、電線の下にいるだけで落雷のリスクは大きく軽減されます。このような〝落雷の性状〟と〝急速に発達する雷雲の特徴〟を理解することが身を守るためには重要です。

*雷しゃがみ
開けた屋外で雷雨時にとる基本姿勢。

なるべく低く！
耳をふさぐ！
足をそろえる！
接地面積小さく！
（つまさき立ち）

図4.4　雷しゃがみ

成

雷雨の前兆現象を知る

激しい雷雨の嵐が起こってから行動を開始しても、結果として遅いといえます。竜巻、ゲリラ豪雨、落雷の集中など極端気象は、いずれも発達した積乱雲（入道雲）によってもたらされるため、空模様の異変を察知することができます。地上に居る私たちは、急速に発達する積乱雲を把握することで、より早く退避行動に移ることが可能です。竜巻を生む巨大な積乱雲が〝スーパーセル〟*とよばれるように、普通の積乱雲とは明らかに構造が異なっています。つまり、いつもと違う水平スケールが１００㎞に達するような巨大積乱雲のさまざまな断片を観て、竜巻、豪雨、落雷の前兆現象を知ることができます（図４・５）。遠くからみてわかるもの、すなわち時間的に先行する現象から、目の前に迫るまで、次のような順番があるともいえます。

❶ 遠く（水平距離で数十㎞）からわかる前兆

・雷鳴が聞こえる：雷鳴が聞こえた時点で要注意です。たとえ数十㎞離れていてもすでに積乱雲は頭上に広がっています。カーラジオに入るノイズなども参考になります。

・かなとこ雲が広がってくる：急速に発達する積乱雲は、高度10㎞の圏界面（対流圏と成層圏の境界）でかなとこ雲として水平方向に広がりはじめます。積乱雲は水平スケールで数百㎞に達することもあり、かなとこ雲からも落雷が観測されるので要注意です。

＊スーパーセル
単一巨大積乱雲。激しい上昇流と下降流を有し、雲自体が回転する。

かなとこ雲

・乳房雲が雲底にみえた：特殊な雲の一つである、「乳房（にゅうぼう）雲」は、しばしば積乱雲に伴って発生するため、発達した積乱雲のサインといえます。

❷ 近くでわかる前兆

・降雹：雹が降ってきたら、落雷のサインです。また、近くで竜巻やダウンバーストが発生する兆しです。日本では雹の直径は大きいもので数cm程度です。ピンポン玉やゴルフボール大の雹は危険ですので、真っ先に逃げましょう。

・稲妻が見える：落雷の放電路が肉眼で見えたら、自分の所にいつ落ちてもおかしくありません。

・真っ暗になる：積乱雲に覆われると日射が遮られて急に暗くなります。あるいは乳白色になることもあり、いずれにしても異様な雰囲気に包まれます。

・冷たい風を感じる：積乱雲からの下降気流は周囲に比べて低温であり、地面にぶつかると発散します。これをアウトフロー（冷気）といいます。地上に居る私たちは雨より先にこの一陣の風を感じるのです。

・叢（くさむら）やアスファルトなどの匂いを感じる：アウトフローによって地上付近の空気塊が運ばれるために、夕立の前には叢やアスファルトなどの独特の匂いがします。

・アーククラウドがみえる：アウトフローの先端には、周囲の暖湿気との間に前線が形成されます。これを突風前線（ガストフロント）とよびます。ガストフロント上では、アークとよばれるロール状の雲が形成されます。「黒い雲がやっ

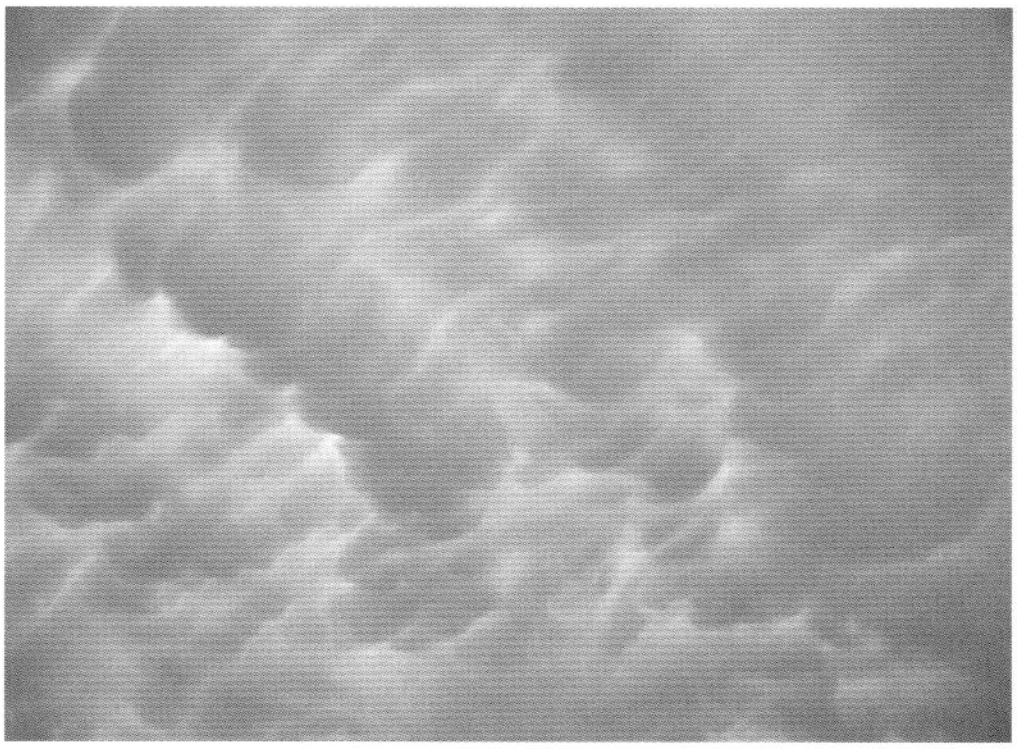

乳房雲

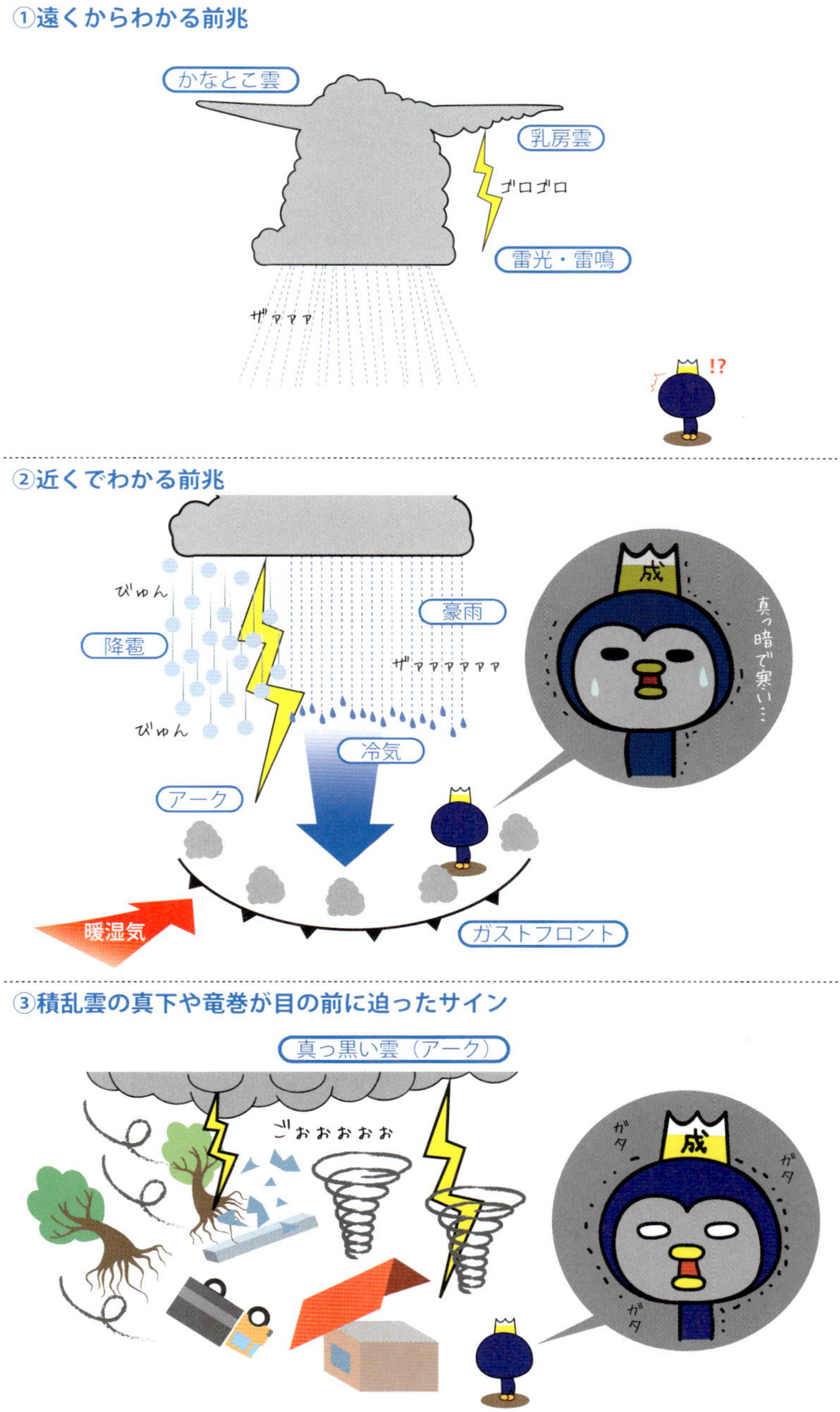
①遠くからわかる前兆
かなとこ雲
乳房雲
ゴロゴロ
雷光・雷鳴
ザァァァ
!?
②近くでわかる前兆
びゅん
降雹
豪雨
ザァァァァァァ
びゅん
冷気
アーク
成
真っ暗で寒い…
暖湿気
ガストフロント
③積乱雲の真下や竜巻が目の前に迫ったサイン
真っ黒い雲（アーク）
ごおおおおお
ガタ
成
ガタ
ガタ

図4.5　前兆現象

黒い雲が見えて冷たい風が
吹いてきたら雷雲のサイン！要注意だね。

てきたら……」の黒い雲の正体は、アークです。

・雲底に壁雲（竜巻の親渦）がみえる：積乱雲の雲底に、回転する壁雲が出来たら要注意です。壁雲は竜巻の親渦であるメソサイクロンの構造ですから、すぐに逃げましょう。

❸ 積乱雲の真下や竜巻が目の前に迫ったサイン

・地上の渦がみえる：地上の竜巻渦が見えたら、一刻の猶予もありません。

・耳鳴りがする：竜巻やメソサイクロンは急激な気圧の低下を伴うため、耳鳴りがします。

・ゴーという音がする：竜巻やダウンバーストなどの接近、通過時には轟音とともに建物が揺れたり浮き上がったりします。

昔から、〝観天望気〟*という言葉があるように、コンピュータを用いた天気予報（数値予報）が全盛の現代でも、極端気象に対しては、積乱雲の前兆現象を、目で見て五感で感じることが重要です。

さらに、今では高性能の気象レーダーを用いた観測により、雨だけでなく私たちが肉眼でみる雲までも検出して、〝雲を掴む〟ことが可能になりつつあります。すなわち、急速に発達する積乱雲に対しては、空模様が怪しくなった段階で、〝雨雲

アーク

＊観天望気（かんてんぼうき）
空を観て天気の変化を予測する。

レーダー〟や気象庁の〝降水ナウキャスト〟などの情報をパソコンや携帯電話などで絶えず確認して、退避行動あるいは行動の再開に移れば、少なくとも人的な被害は防ぐことができます。最近は、部活動など野外活動時の落雷事故に関して、管理責任を問われることが多くなっています。特に、集団で行動する場合は、意思決定から退避行動完了まで、個人で行動する時に比べてはるかに時間がかかります。発達した積乱雲が近づいたら回避行動をとることだけでなく、〝大気が不安定〟で積乱雲が発生しやすい季節には、前日の天気予報を見て、予定していた行動を中止することも時には必要です。

4.4 雷撃もいろいろ

航空機の被雷

世の中には珍しい落雷や雷撃が発生します。航空機への被雷もその一つで、民間の大型ジェット機、戦闘機、ヘリコプターなどさまざまな航空機への落雷が観測、報告されています。通常パイロットは、航空機にとって危険な積乱雲には決して近づきません。夏の積乱雲は遠方から目でみてもわかり、気象レーダーでも容易に識別することができるからです。ところが、冬の雷雲は背も低く、多くの対流雲が層状性の雲の中に隠れた状態なので、どれが発達した雷雲か判断するのは困難です。そのため、冬の日本海沿岸域では多くの航空機被雷が発生しています。

１９９７年１月６日11時57分、一面灰色の雲に覆われ、断続的にアラレの降水が確認された中、離陸を始めた民間航空会社のジャンボジェット機は、離陸直後の高度500m付近で雷撃に遭いました。小松空港における雲底高度は600mでしたから、雲中に入る直前の極めて地上に近い所で被雷したことがわかります。放電路をよく見ると、コックピット（機体先端）からは上向きの放電が、テイル（機体後部）からは下向きに放電路が伸びて、地上にまで達していることがわかります。雲からの落雷にあたったのではなく、航空機から放電が始まり、上部と地上に向けて放電路が延びていったことが世界で初めて動画に収められました（図4・6）。雷雲の下に航空機という導体が進入したことによる誘雷現象です。

なぜ、このような貴重な映像が得られたのでしょうか。当時、筆者は冬季雷の観測を北陸で行っており、この年（1997年）は、小松空港で離着陸する航空機をすべてビデオ観測し、年明け早々の1月6日に寒気が南下した中、バラバラとアラレが降る中で決定的な瞬間を映像に収めることに成功しました。航空機はその後、通常の飛行を続けましたが、これまでの被雷事例では機体に穴があくなどの被害が生じた例も報告されています。航空機被雷は金属が雷雲に近づいて生じる誘導雷ですから、自然雷である落雷が発生しないような電気的に弱い雷雲中で遭遇することも多く、その予測や回避は難しいのです。

航空機が被雷しても運航や機体に影響はないといわれますが、冬季雷の雷撃を受けると、機体に穴が空いたり、ガラスが割れたりといった被害が確認されることも少なくありません。過去には、被雷を受けた航空機が墜落するという事故も国内で

＊雷動画①　航空機への雷撃の瞬間
1997年1月6日、小松空港上空。

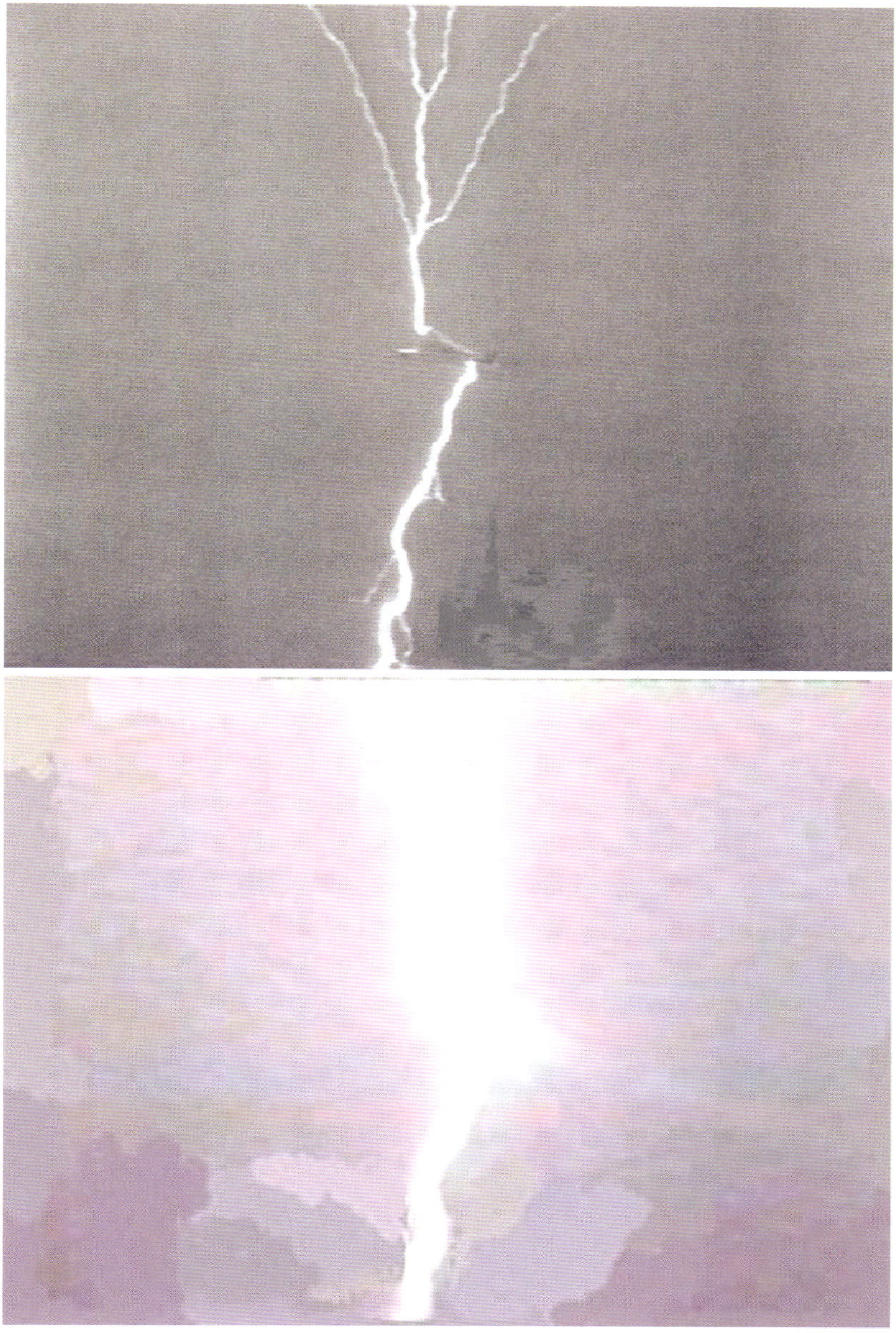

図4.6　航空機への雷撃の瞬間
（上）1997年１月６日11：59：57の雷撃瞬間、（下）0.2秒後のリターンストロークの様子

生じています。*

動物への雷撃

1998年に北海道の牧草地で20頭近くの乳牛が落雷で死亡しました。乳牛は驚くと群がる習性があり、雷雨時に林中で一カ所に集まっていたために落雷事故が発生したものと思われます。牧草地にある松の木には、落雷の痕跡（雷獣）が認められ、側撃によって生じたものと考えられます。ただし、側撃雷により一度に多くの牛が死亡したのか、あるいは地電流の影響（歩幅電圧傷害）によるものなのか、未だ不明な点が残されています。このような数十頭の牛への雷撃事故は、海外でも報告されており、落雷の特性と牛の習性が相まって生じる雷撃といえます。

スカイツリーへの雷撃

高度634mを有する東京スカイツリーは開業して12年になりますが、東京タワー（高度333m）に比べてはるかに多くの落雷が観測されています。関東地方の年間雷雨日数とタワー高度から予測された落雷回数は年間十数回であり、実際に5年間で62回の落雷が観測されています。電力中央研究所と東京大学により、高度500mの塔根元部分に雷電流の大きさや波形を測る計測装置を取り付け、雷電流の直接観測を試

*航空機の落雷事故
1969年2月8日11時59分ごろ、金沢市内に航空自衛隊小松基地のF-104ジェット機が墜落する事故が起こったが、原因は落雷の直撃を受けたことによるといわれている。現在でも、雷撃により機体の損傷だけでなく、計器のトラブルにつながることもある。

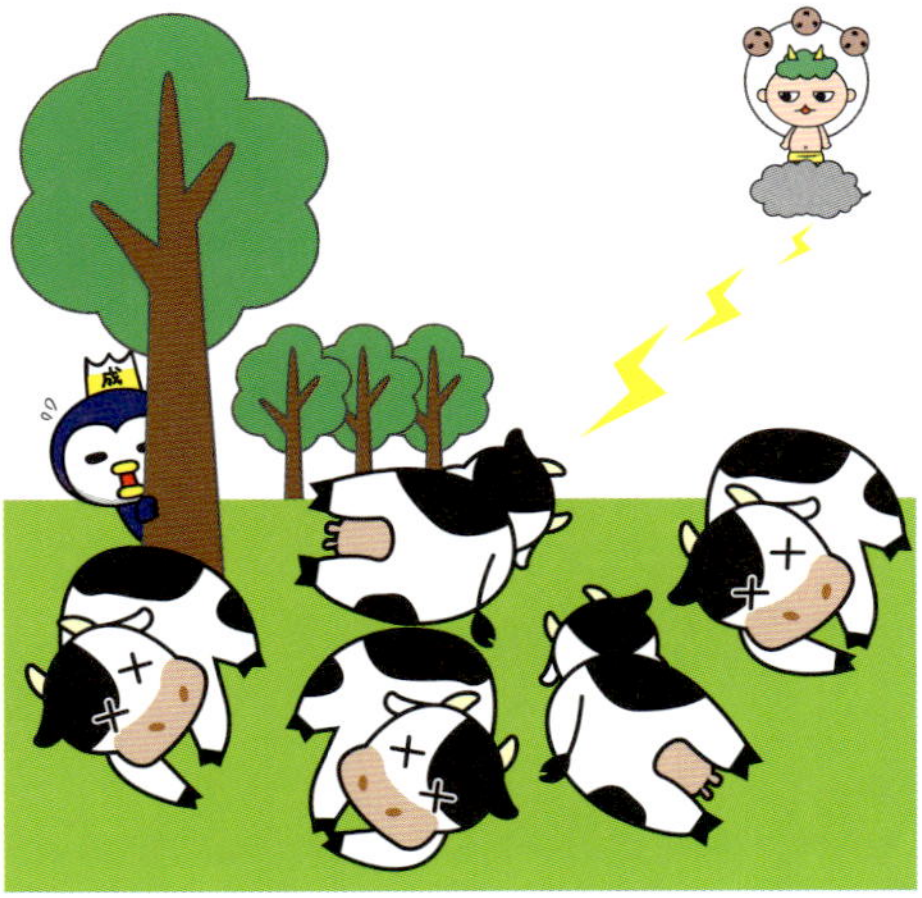

図4.7　牛への雷撃事故

スカイツリーへの雷撃
（写真提供：音羽電機工業株式会社／辻本直之［第12回雷写真コンテスト金賞　舞～まい～］）

火山雷
（写真提供：音羽電機工業株式会社／前原益雄［第14回雷写真コンテスト佳作　炸裂］）

みています。高度500mを超える超高層建築物への雷撃観測は世界的にも珍しく、*研究成果が期待されています。

*超高層ビルへの落撃
カナダのCNタワーでも実施されている。

火山雷

火山の噴火時に雷放電が観測されることがあります。これを火山雷（volcanic lightning）とよんでいます。火山が噴き上げる水蒸気、火山灰、火山岩の摩擦によって電気が生じることで発生します。水蒸気が少なく雲が形成されなくても、砂や岩だけの摩擦でも生じます。火山岩は雲内の粒子に比べて大きく、摩擦による静電エネルギーも大きいので、火山雷のエネルギーは高いと考えられていますが、観測事例は極めて少なく詳細は未だわかっていません。

4.5 落雷から身を守るウソホント

日本での落雷数は、ひと夏に多い年で100万回、少ない年でも10万回程度観測されていますので、身近な現象であり、確率的に私たちは落雷の危険と隣り合わせにいるといっても過言ではありません。

3章と4章のまとめとして、問題です。次の6つの質問は正しいでしょうか。

Q1 雷が近づいたら貴金属を身体からはずす。

Q2 車の中は絶対安全である。

どれも難問です！
小林
成
案外難しい・・・

Q3　家の中にいれば絶対安全である。
Q4　海水浴中に雷に遭ったら海中に潜ればよい。
Q5　木の下は危険であるが、林や森の中は安全である。
Q6　キャンプ時に雷に遭遇したらテントの中に逃げればよい。

答えはいずれも「いいえ」です。**Q1**については、金属を身につけていても、いなくても、ほとんどの方が「雷は高いところに落ちるので変わらない」と答えるでしょう。ところが**Q2**や**Q3**では、車中や家の中で感電した事例があり、100％安全とはいえません。落雷時の安全な場所、危険な場所、どのような行動が安全なのかを図4・8にまとめました。*

落雷に対して身を守る5つのポイント

❶　早めに構造物や車の中に退避する！
ただし、室内や車内でも金属に触れないなど注意が必要。万一周囲に構造物がない場合は、最後の手段〝雷しゃがみ〟で雷雲の通過を待つ。

❷　海や山のレジャー、お祭りや野外コンサートなどのイベント時は要注意！
山の稜線や海上などは逃げる場所がなく、多くの人が集まる場所では直ちに全員が退避行動をとるのは困難であることを頭に入れる。

＊**雷接近時の行動**
さまざまな状況下で落雷時にどのように行動すればよいかは、「雷から身を守るには―安全対策Q＆A―」（日本大気電気学会）で詳しく述べられている。

❸　こまめに気象情報をチェックする！

携帯電話などで周囲の雷雲をチェックする習慣を身につける。

❹　行動や行事の再開は　〝30分ルール〟を守る！

気象情報が得られない場合は、「雷鳴後30分たって次の雷鳴が聞こえない」ことを目安にして、スマホがあれば、周囲に雷雲が無いことを確認する。

❺　万一雷撃を受けた場合は、直ちに心臓マッサージを行う！

たとえ直撃雷を受けた場合でも、早い対応（心臓蘇生）により一命を取り留められる場合があるので、ＡＥＤがあれば使用する。無い場合は心臓マッサージ（胸骨圧迫）を行い、すぐに救急隊を呼ぶ。

極端気象とよばれる激しい大気現象がクローズアップされていますが、竜巻や豪雨、落雷を目のあたりにすると、人間は恐怖をいだくように、私たち人間の手ではどうにもならない自然の力を実感します。しかしながら、ただ恐れていた昔と違って、今では、高性能のレーダーなどさまざまな〝目〟で観測し、予測することも十分可能になりつつあります。さまざまな情報をフル活用することで、極端気象から身を守る知恵をインプットしましょう。

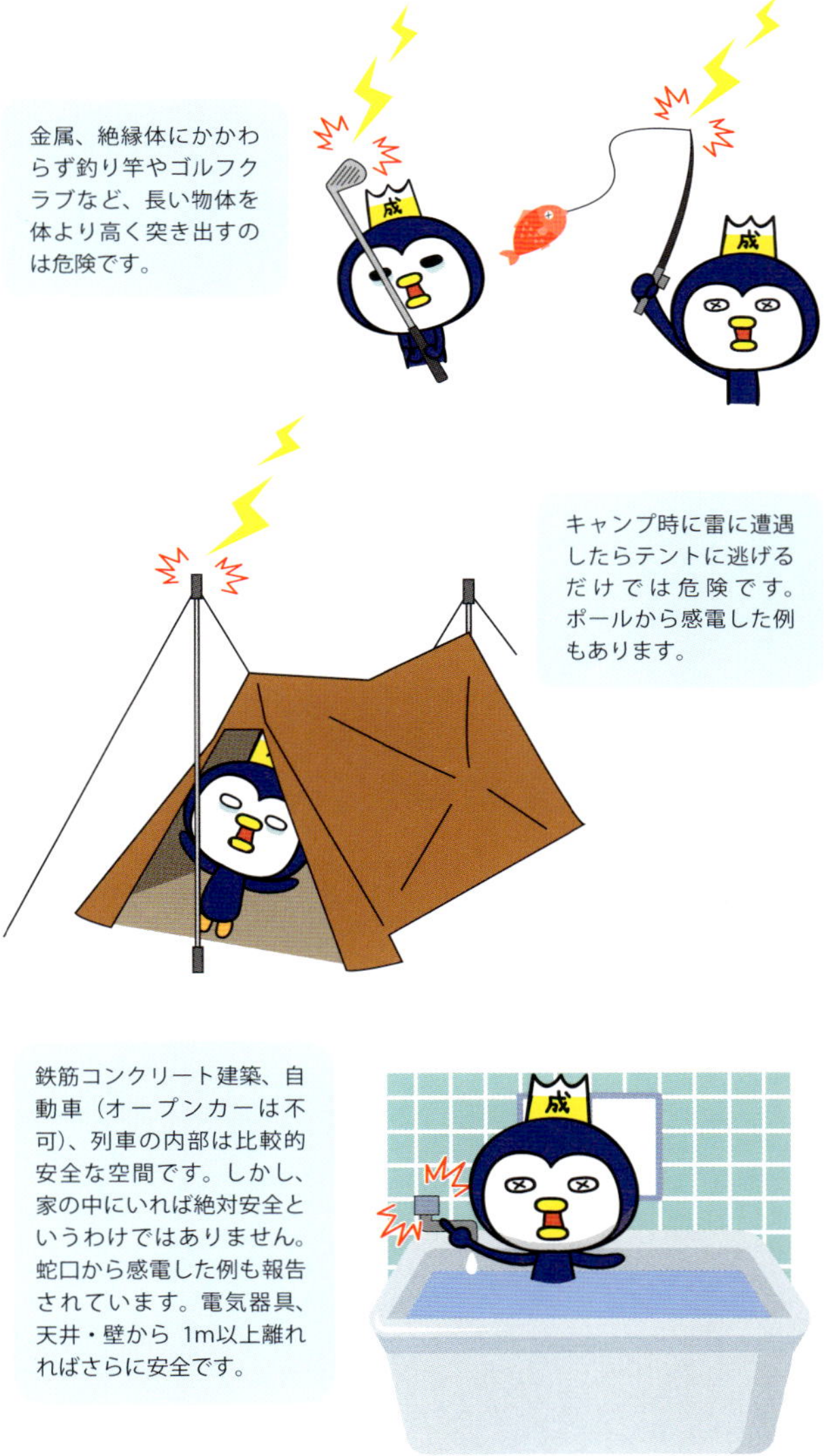

図4.8　落雷時の行動パターン

5章　雷雲の発生

5.1 電荷の分離

すべての電気現象は、プラスとマイナスの電荷*で形成されており、電荷の移動を電流とよんでいます。積乱雲の中にも、プラス（＋）とマイナス（－）の電荷が存在し、＋電荷と－電荷に分かれることを電荷分離といいます。雷雲の内部はどうなっているのでしょうか。積乱雲の上昇流域では、数十m／sを超える激しい上昇流が存在するため、活発な電荷生成（電荷分離）が生じます。小学校の理科で静電気の実験を行いますが、雲内でもさまざまな降水粒子同士がぶつかり合い、粒子間でプラスとマイナスの電荷が分離されます。現在、アラレ粒子による電荷分離が最も重要で、積乱雲内は上層にプラス、中層にマイナス、そして雲底付近にプラスの電荷が溜まりやすくなることがわかっています。雲内の電荷を中和する過程が放電現象*であり、地上への放電を落雷*(ground flash)とよんでいます。

落雷は雲内で偏った電荷をなくそうとして中和させること。まず、中層のマイナス電荷が雲底のプラス電荷に移動するよ。
しずまれ～

*電荷
電気量。

*放電現象
プラスとマイナスの電荷を中和するように電流（イオン）が流れる状態。

*落雷
落雷にはプラスの電荷を中和する正極性落雷（positive ground flash）と、マイナス電荷を中和する負極性落雷（negative ground flash）が存在する。

ここから小林教授の研究編です。
小林

（１）積乱雲内のさまざまな粒子

一般に、積乱雲が発生すると、内部で上昇する空気塊*は、地上付近では未飽和（相対湿度が１００％未満）ですが、断熱膨張*しながら上昇するとある高度で飽和（相対湿度１００％）に達します。この飽和に達する高度が凝結高度（condensation level）であり、雲底（cloud base）に相当します。

飽和した空気塊で水蒸気が凝結して雲粒になるためには、凝結核*のまわりにある水蒸気が凝結して小さな水滴になります。雲の中で初めてできた雲粒の大きさは、平均で直径10㎛（１０００㎛＝１㎜）程度であり、雲粒の個数は平均１００～１０００個/㎤です。半径50㎛以上の雲粒を大雲粒とよび、積乱雲の中層は１００㎛程度の大雲粒で満たされています。０℃以下の雲の中でも雲粒は−30℃くらいまで過冷却（supercooling）のまま上昇し、圏界面付近（−50℃）に達すると凍結して氷晶（ice crystal）になります。雲頂（圏界面）に近づくと上昇流は弱くなり、気流は横に広がりアンビル（かなとこ雲）が形成され、氷晶は重力で落下を始め、過冷却水滴中に落下した氷晶は昇華成長により、雪結晶（snow crystal）やアラレに成長します。同時に、氷晶が大量の過冷却雲粒が存在する積乱雲の中層に落下すると、周りの過冷却雲粒は一気に凍結して氷晶に付着して、相対的に大きな雪片（snow flake）に成長します。*雪片は、０℃レベルで融解して雨滴となり、地上に達すると降雨になります。雨滴の形状は、直径１㎜程度の小さな雨滴から、直径３㎜を超えた大雨滴になり、さらに、直径５㎜を超えると空気抵抗から偏平になり雨滴は分

*上昇する空気塊
周囲と熱のやり取りがないと仮定し、断熱変化（adiabatic change）で上昇しながら気圧と気温が同時に下がるため、空気塊は断熱膨張する。気象学では、目に見えない空気の塊を風船のように考え、風船内部と周囲の大気の間に熱の出入りがないと仮定する。これを断熱変化という。

*断熱膨張
地上付近の空気塊は上昇すると気圧が降下するために膨張を始める。断熱変化を仮定しているので、断熱膨張とよぶ。逆に、空気塊が下降する際は、断熱圧縮する。

*凝結核
condensation nucleus。大気中で雲が発生する際、水蒸気（気体）から水に相変化（凝結）するが、微粒子を中心にその周りに水が付き水滴となる。この微粒子のほとんどが大気中を浮遊するエーロゾル粒子である。水蒸気と凝結核（吸湿性エーロゾル）を含んだ湿潤な空気では、凝結核を中心に凝結が始まる。

*雪片に成長
この過程をライミング（riming）という。積乱雲内では、わずか数十分で雨が降るという非常に効率的な降水機構が働いているが、その理由がライミングといえる。

裂します。このように、積乱雲中には、液体から固体までさまざまな種類の水の形態*が存在します。

（2）積乱雲内でのプラスとマイナス電荷

雷雲内では、プラス（＋）とマイナス（－）の電荷が偏った状態にあり、分離された電荷間で発生する放電現象を、雷放電*といいます。

同一の雲内に存在するプラスとマイナスの電荷を中和する場合を、雲内放電（Intra-cloud lightning（ＩＣ）あるいはIntra-cloud discharge）といい、異なる雲の間の電荷を中和する場合を、雲間放電（Inter-cloud lightningあるいはInter-cloud discharge）といい区別します。雲内放電は、1個の積乱雲内における放電現象ですが、雲間放電は、ある積乱雲と周囲の積乱雲との間に発生する放電です。これら二つの放電をあわせて、雲放電（Cloud-to-cloud lightning（ＣＣ）、Cloud-to-cloud discharge、cloud flash）とよびます。大地に誘導された電荷と雲内の電荷が中和される場合を、対地雷撃（Cloud-to-ground lightning（ＣＧ）、Cloud-to-ground discharge、ground flash）といい、一般には落雷とよんでいます。

電荷分離のメカニズムは、これまで数多くの実験、観測により、さまざまな論文が報告され、"雷の数ほど"提唱されてきました。最も重要なアラレ粒子による電荷に着目して、同じアラレが温度によってその様相と働き方を変えるという発見をしたのが高橋劭（つとむ）博士です*。高橋理論は、「着水電荷発生機構」とよばれ

＊積乱雲内のさまざまな種類の水の形態
雲内には、気体（水蒸気）、液体（雲粒）、固体（雪や雹）、水の三態が存在する。雲内にある雲粒や降水粒子などを総称してhydrometeor（大気水象）という。

＊雷放電
lightning flashあるいはlightning discharge

＊高橋劭博士
電荷の３極構造を説明する論文を１９７２年以降発表を続け、高橋理論とよばれている。

ており、水滴（雨滴）がアラレに付着凍結し、さらにアラレと氷晶が衝突する際、周囲の温度と雲水量*により、電荷分離の仕方が異なるというものでした。一言でいえば、同じアラレ粒子なのに、環境条件によって、その表情、振る舞いや性別（＋－）まで変化するという事実を、雲内の直接観測、室内実験、数値シミュレーションから明らかにしました。

❶　高温（−10℃以上）、高雲水量域：アラレ（プラスに帯電）の表面が融解してマイナスに帯電し、接触した雲粒がマイナスに帯電

❷　低温（−10℃以下）、中

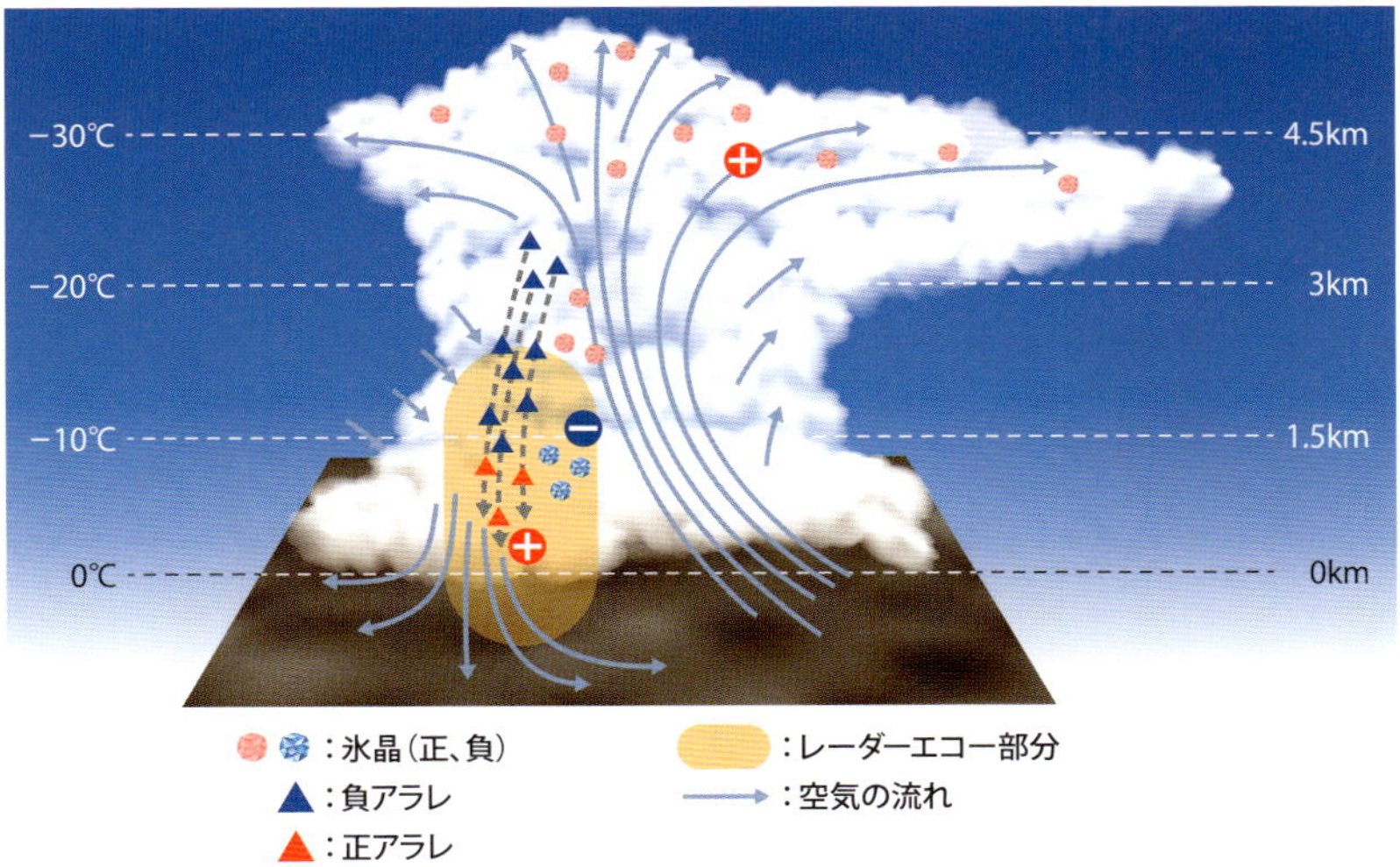

図5.1　高橋が提唱した３極構造理論の模式図

＊**雲水量**
雲の中の水滴（雲粒）または氷晶の空間質量濃度。１㎥の空気中に含まれる水の質量（g）で表される。層状雲では、０・05～０・５g／㎥、対流雲では、０・２～５g／㎥程度の値である。

雲水量域：マイナスに帯電したアラレに衝突した氷晶がプラスに帯電して上空に運ばれる

❸ 低温（−10℃以下）、低雲水量域：プラスに帯電したアラレに衝突した氷晶がマイナスに帯電して上空に運ばれる

アラレの形成温度である−10℃レベルの上下で、❶から❸の電荷分離が起こり、その結果、雷雲下部の降水域にはプラス電荷*、雷雲中層にはマイナス電荷が、雷雲上部のアンビルにはプラス電荷の氷晶が存在するという、3極構造が出来上がるのです（図5・1）。

5.2 雷雲の発生

（1）雷雲の定義

雷雲は、積乱雲*のなかで電荷分離の結果、雷放電が認められるものと定義されます。暖候期の積乱雲は、きっかけとなる上昇流と対流的に不安定な条件が整えば、雲頂は高度10㎞程度にまで達するので、雲内には必ず0℃レベルや−10℃レベルを含むことになり、そこではアラレによる電荷分離が活発に働きますから、暖候期の発達した積乱雲は雷雲といってよいのです。ただし、厳密には落雷（CG：Cloud-to-ground lightning）、雲放電（CC：Cloud-to-cloud lightning）を観測されたものを雷雲とよぶべきです。

一方、冬の積乱雲（降雪雲）は雲頂高度が低く、地上気温も低くなるため、雲内

＊プラス電荷
降水域に局所的に存在するために、ポケットチャージとよぶ。

＊積乱雲（Cumulonimbus）
積乱雲は、10種雲形のひとつとして国際的に定義されており、積雲（Cumulus）とは明瞭に区別されるが、発生初期の積乱雲と積雲との区別は難しい。発達した積乱雲は、地上付近から上空の対流圏界面まで達し、アンビル（かなとこ雲）を形成する。発達した積乱雲内の強い上昇流は、しばしば対流圏を押し上げて雲頂が成層圏の高度に達することがあり、この部分をオーバーシュートとよぶ。積乱雲は、発生期、発達期、最盛期、衰弱期で著しい時間変化を示し、その形状も、塔状、ドーム状、カリフラワー状などさまざまであり、また夏の積乱雲と冬の積乱雲、マルチセル、スーパーセル、クラウドクラスターなど、その構造によっても様相は大きく異なる。さらに、積乱雲には付随する特別な雲が存在し、アンビル（anvil）、ベール雲（velum）、乳房雲（mammatus）、尾流雲（virga）、アーク（arc）、漏斗雲（funnel）、オーバーシュート（overshoot）などがある。

で電荷分離が有効に行われるかどうかは、雲の発達の仕方と周囲の成層状態によって異なります。そのために、降雪雲＝雷雲とはなりません。降雪雲はスケールが小さく雷活動がもともと暖候期の積乱雲に比べて不活発なだけでなく、鉛直方向の成層状態に大きく依存しているために、雲の外観だけで雷雲かどうかを判断するのは難しくなります。

（2）落雷の開始

積乱雲はモクモクとした積雲状の塊がいくつも形成され、全体としても大きな塊として鉛直方向に成長します。無数に存在する雲塊のうち、水平スケールで1㎞程度の雲塊をタレット（turret）、100m程度の雲塊をタフト*（tuft）とよびます（図5・2）。数個のタフトがひとつのタレットを形成し、数個のタレットが直径数十㎞の積乱雲を形成していることになり、階層構造*（multi-scale structure）を示します。

積乱雲発生初期段階（convection initiation）を、タレットという積乱雲の微細構造を観測することで、積雲から積乱雲へ成長する過程がより詳しく観ることが可能になりました。このような、タレットのスケールで議論すれば、落雷がどの時点で発生するかという問題がより精密に解析できるようになります。積乱雲の発達中どの時点で落雷（CG）が始まるのか*は、積乱雲のメカニズムや防災面で重要な情報となります。

＊タフト
サーマル（プリューム）のスケールが1個のタフトに相当する。

＊階層構造
これまでのレーダー観測などでは、積乱雲全体を1個の対流セルとして捉えることしかできなかったが、最近の高性能レーダー（雲レーダーやフェーズドアレイレーダーなど）により、水平スケールが1㎞以下のタレットやタフトまでが観測されつつある。

＊落雷の始まり
CG initiationとよぶ。

私たちは、落雷がある間隔を空けて起こることを経験的に理解していますが、落雷が間欠的に集中する理由は、落雷を多く生むタレットとそうでないタレットの違いが存在するということが確かめられました。また、最初の落雷（ファーストCG）は、タレットが成長中である積乱雲が高度10㎞を超えて最盛期を迎えるかなり前（約10分前）から始まっていることが明らかになりました。これも、〝落雷は積乱雲の最盛期に発生する〟というこれまでの概念とは大きく異なる結果です。このように、積乱雲に伴う、雨、風、雷の振る舞いが、タレットというより細かい構造で議論することが可能になりつつあります。

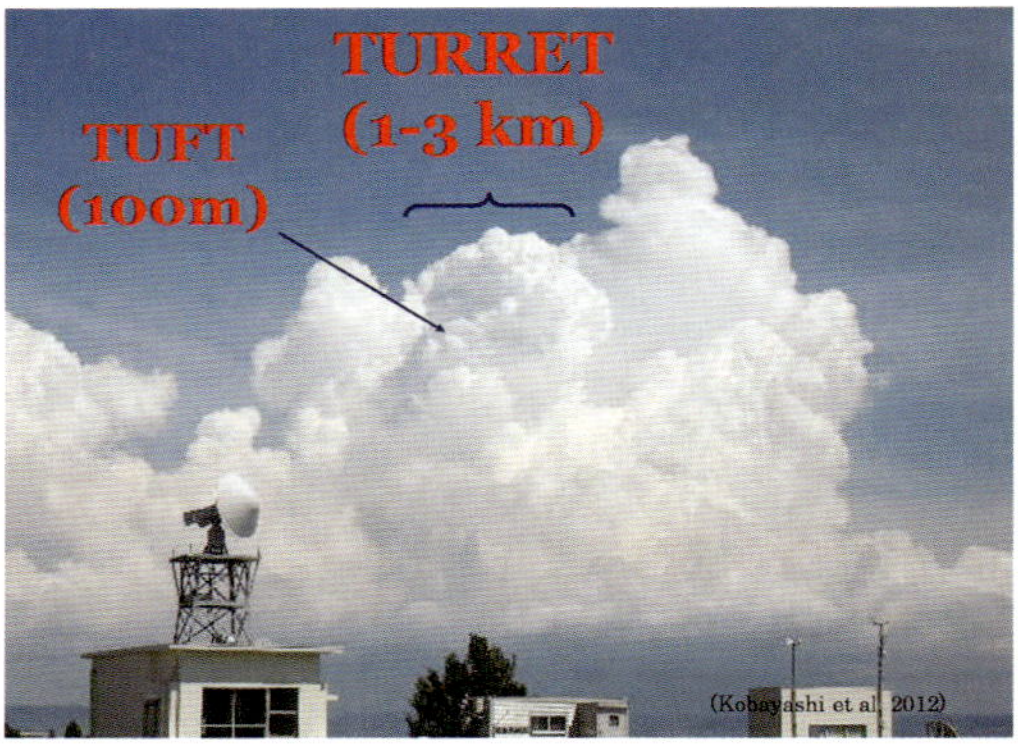

図5.2　積乱雲のタレットとタフト

＊雷動画②　積乱雲タレットの発達
2010年8月23日、房総半島で発生した積乱雲。

コラム8　積乱雲タレットの発達

具体的な積乱雲の発達をタレットの観点からみましょう。2010年8月23日、房総半島で発生した積乱雲は、13時30分に発生し（ファーストエコー検出は13時42分）、間欠的に発生したタレット5個が成長し（図5・3、T2〜T5）1個の積乱雲が形成されました（発達期）。アンビルが形成されたのは70分後（最盛期）であり、最初に観測された落雷*は14時26分であり、2個目のタレット（T2）発達時はタレットの雲頂高度が7・5kmに達した時点でした。その後10分間落雷は観測されず、タレットT3発達時の14時37分から1分間で9回の落雷が観測され、トータル数19回の約半分を占めました。この時のタレット雲頂高度は11kmを超えていました。その後、最盛期を迎えた14時46分に1回（T4）、55分に3回（T5）の落雷が観測されました。

*最初に観測された落雷をファーストCGとよぶ。

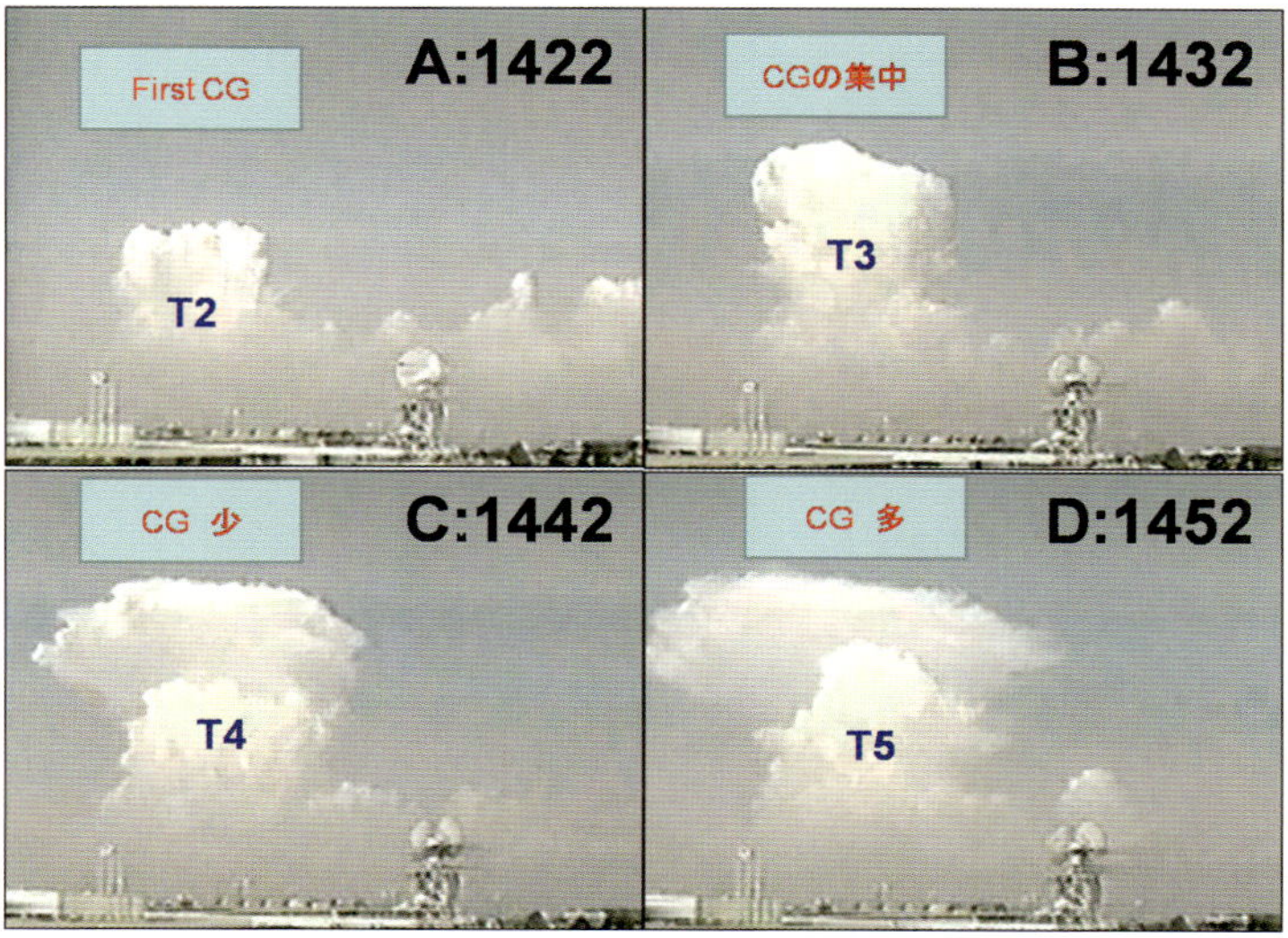

図5.3　2010年8月23日房総半島で発生、発達した積乱雲
10分間隔で観測された雲の発達（A〜D）と対応するタレット（T1〜T5）。A：発生期、B：発達期、C：最盛期。落雷（CG）は、発生期のタレットT2で最初の落雷（ファーストCG）が観測され、発達期のタレットT3で落雷が集中した

（3）レーダーでみた雷雲の発生

雷雲の一生は、気象レーダー*から電波を発射し、半径数百kmの範囲に存在する雨や雪からの反射を観測することで確認できます。マイクロ波の後方散乱物体は1mm以上の降水粒子で、ある空間密度を超えた時点でレーダーエコーとして検出されます。一般に、積雲や発生初期の積乱雲*は、雲粒で満たされており、通常のレーダーでは捉えることはできません。対流雲が発生してから気象レーダーで初めて検出されたレーダーエコーは、ファーストエコー*（first echo）とよばれます。

発達中の積乱雲は鉛直方向へ急速に成長するため、レーダーエコーの領域も上空に広がり、レーダー反射強度で30dBZ*を超える強エコー域が出現します。最盛期を迎えると、圏界面に達し、アンビル（かなとこ雲）として水平方向に広がり始め、この時点でレーダーエコーは最も強くなり、エコー強度も大粒の雨や雹を含んだ場合には50dBZを超え、エコー面積も最大になります。アンビルは氷晶で形成されており降水粒子はありませんが、通常の気象レーダーでも検出することができます*。その後、衰弱期になると上昇流は弱まり、降水による下降流が雲内で卓越するため、降水コア*とよばれる強エコー域の落下が確認できるようになります。最初に落雷が観測されるのは、降水粒子が形成された後、つまり強エコー域

＊気象レーダー
一般に、パラボラ（空中線）を回転させながら電波（波長センチメートル（cm）の電磁波をマイクロ波という。）を発射し、受信した電力を反射強度に変換し、エコーとして表示する。現在は、Xバンド（波長3cm）やCバンド（5cm）が主として稼働している。

＊発生初期の積乱雲
雲粒の直径は10μm程度であり、大雲粒になると100μmに成長するが、降水粒子はまだ形成されていない。

＊ファーストエコー
ファーストエコーは、first radar echoの訳語、「ファーストレーダーエコー」を略した言葉である。ファーストエコーの出現高度は、高度2km～5kmと周囲の環境条件や雲の発達状況によって異なる。

＊dBZ
レーダー反射強度の単位。レーダー等価反射強度とよばれる。しとしと降りの弱い雨で10dBZ、積乱雲からの強い雨で30dBZ、ゲリラ豪雨や降雹になると50dBZを超える値となる。

＊アンビルの気象レーダー検出
氷晶の大きさや空間密度による。

＊降水コア
レーダーエコーでみると、強エコーが塊状に存在するのでコアとよばれる。precipitation core。

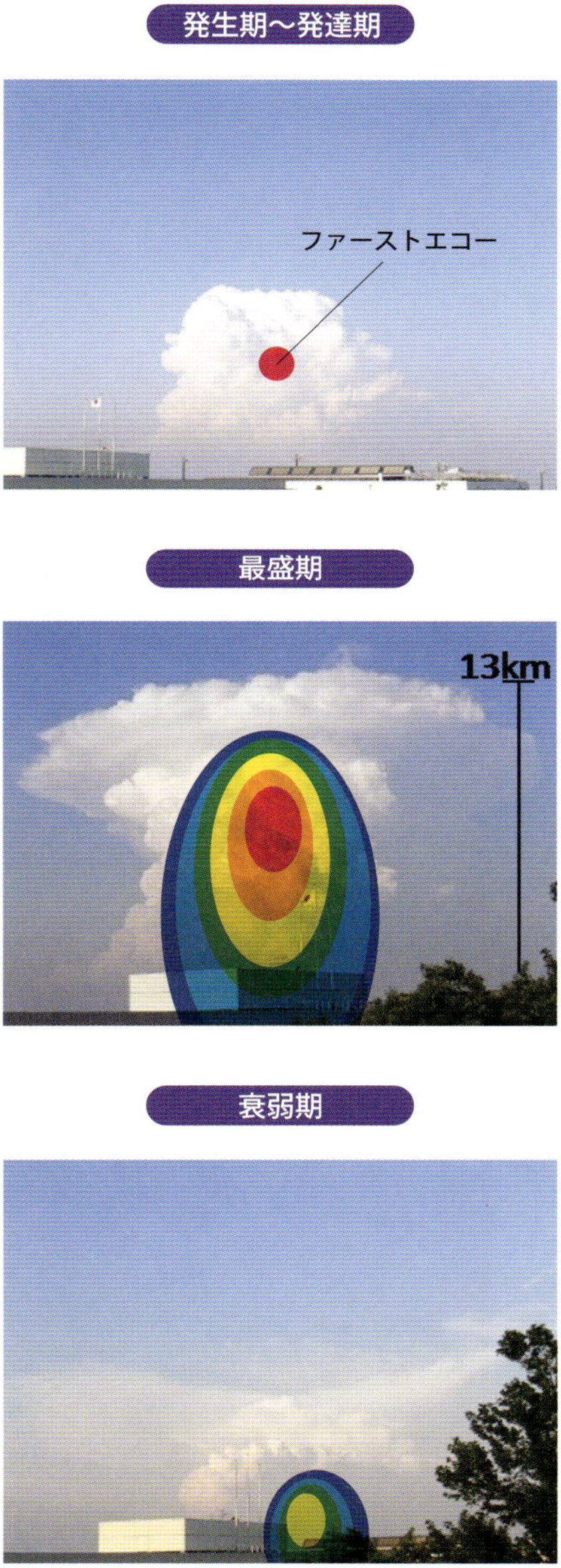

図5.4　積乱雲の発達過程とレーダーエコー

が形成された発達期～最盛期になります（図5・4）。

積乱雲のような対流雲は、鉛直方向に伸びたレーダーエコーが観測され、対流性エコーとよばれます。これに対して、乱層雲（雨雲）のエコーは、低く水平方向に広がった層状性エコー*として観測されるために、雷放電活動は不活発であり、ほとんど落雷は観測されません。

＊層状性エコー
層状雲からの一様な雨は、落下した雪片が0℃レベルで融解するため、融解する雪片が集中して強い反射強度を有するブライトバンド（bright band）が存在する。対流性エコーと層状性エコーの違いは、ブライトバンドを有するかどうかで判断される。

一般に、積乱雲の集合体は、積乱雲群といいますが、上空の衛星から観測すると1個の巨大な雲塊にみえることから、クラウドクラスター*といいます。クラウドクラスターは、対流雲と層状雲を併せ持つ積乱雲群を総称しており、現在はメソ対流システム（MCS：Mesoscale Convective System）ともよばれています。メソ対流システムは、複数の積乱雲セルが複合して発達するために、より激しい大気現象*をもたらします。スーパーセル、台風、梅雨前線などもメソ対流システムといえます。メソ対流システム内における落雷は、活発な対流域周辺に集中しますが、層状性領域でも観測されます。

＊クラウドクラスター
その形態により円形と線状に大別され、中緯度で観測される円形の雲はクラスター、線状の雲はスコールライン、熱帯における円形の雲は熱帯クラスター、線状の雲は、熱帯スコールと区別される。cloud cluster。

＊激しい大気現象
集中豪雨・雪、降雹、竜巻やダウンバースト、落雷の集中などの極端気象。

コラム⑨　CCバブル

積乱雲が発達するどの段階で雷が始まるかは、未だによくわかっていません。最近の観測では、落雷に先行して雲放電（CC）が観測されることがわかっており、スーパーセルなど発達した積乱雲では、落雷に先駆けてCCの集中が観測されることから、〝CCバブル〟とよばれています。

（4）雷雲の発生条件

雷雲の発生条件は、積乱雲が内部で十分な電荷分離が発生する高度まで発達するかどうかで決まります。一方、積乱雲の発生条件は、上昇流が形成されるかどうかで決まります。上昇流は、その要因によって、「外部の強制力」と「熱的な不安定」

に分けられます。外部の強制力というのは、前線や低気圧、台風など大規模（総観スケール）な大気現象が有する構造です。前線面における滑昇や台風の上昇流など、現象のもつ力で強制的に気塊が上昇することを指します。一方、熱的不安定とは、強い日射で地表面が加熱されることにより、浮力を得た気塊が上昇して雲（積乱雲）になる過程（自由対流）を指します。* 熱的な不安定は日射が原因のため、雷雨（熱雷）の発生は明瞭な日変化を示すことが多くなります。強い日射があり、かつ上空に寒気（寒冷渦）が入ると非常に不安定となり、広範囲にわたり山岳、平野を問わず積乱雲が湧くことになります（雷三日）。

メソスケール* の環境条件も、しばしば雷雨発生のトリガーとなります。海陸風の先端は、海風前線、陸風前線とよばれ、前線上で周囲の空気が上昇してしばしば積雲が形成され、不安定な条件では積乱雲にまで発達することがあります。*

暖候期の積乱雲は、きっかけとなる上昇流と対流的に不安定な条件が整えば、雲頂は高度10㎞程度にまで達するため、雲内には必ず0℃レベルや−10℃レベルを含むことになり、活発なアラレによる電荷分離が期待できるため、一般に真夏の高度10㎞を超えて発達した積乱雲は雷雲とよんでも問題はありません。* 一方、冬の積乱雲（降雪雲）は雲頂高度が低く、雲内で電荷分離が有効に行われるかどうかは外観からではわからないため、落雷（CG）や雲放電（CC）が観測されて初めて雷雲とよべます。

＊**熱的不安定**
逆に上空に寒気が存在すると、重い気塊が下降して対流が生じる場合も同等である。

＊**メソスケール**
総観スケールとマイクロ（ミクロ）スケールの中間スケールで、数十㎞～100㎞のスケールを指す。

＊**海陸風の発達**
陸風前線は、その厚みが薄く風速も弱く夜間の現象であるため、前線面で積乱雲が発生することは稀である。ただし、冬季日本海上では、内陸から吹く陸風が海からの季節風をブロックする形で、陸風前線上で雪雲が発達し、雷雲化する現象がみられる。

＊厳密には、地上落雷あるいは雲内放電が観測されたものを雷雲とよぶ

コラム⑩ 不安定エネルギー

熱的な不安定は、熱力学で定義されるエネルギー量で定義されます。大気熱力学では、自由対流高度から上空の不安定（浮力）エネルギーで表します。この熱エネルギーを対流有効位置エネルギー（CAPE：Convective Available Potential Energy）といいます。一方、「大気の安定度」という概念も存在します。一般に、未飽和の空気塊は100mにつき1℃減少（乾燥断熱減率）し、飽和に達すると凝結による潜熱の放出によって0・5℃の減少（湿潤断熱減率）にとどまります。実際の大気の気温減率が乾燥断熱減率より大きければ、飽和、未飽和にかかわらず空気塊の温度は周囲に比べて高くなり浮力が生じるため、常に不安定（これを「絶対不安定」という）になります。逆に、湿潤断熱減率より小さければ、「絶対安定」といいます。大気の気温減率が乾燥断熱減率と湿潤断熱減率の間である時は、「条件付き不安定」とよばれます。天気予報でも、対流現象の予測は大気の安定度で解析されます（拙著『積乱雲』参照）。地表面の加熱によるプリュームの発生など、上昇流（対流）がどこまで発達するかは、大気の安定度に依存しています。

5.3 サンダーストーム

サンダーストーム（thunderstorm、図5・5）は、日本語では雷雨と訳し*、さまざまな嵐*を包括した用語といえます。アメリカではサンダーストームの定義が定められており、雷を伴った嵐の中でも、「直径2㎝以上の雹」、「時速93㎞（58マイル）以上の風」、または「竜巻」が伴った場合に、〝激しい（severe）〟と判定されます。

＊サンダーストームの邦訳
本来は〝雷雨嵐〟とよぶべきである。

＊さまざまな嵐
トルネードストーム、ヘイル（雹）ストーム、ウィンドストーム、ヘビーレイン（豪雨）などを含む。

一般に、強い上昇流が起こるとサンダーストームは激しくなり、大粒の雹ができ、下降流が強まり、この結果、地表面におけるアウトフロー(outflow)の速度が増します。もし雲自体が回転し始めれば、通常のストームではなく、スーパーセル(supercell)に変化します。強い上昇流が生まれる過程と下降流が強まる過程は必ずしも同じではないので、ストームが非常に強いアウトフローを生むのに上昇流は比較的弱いということもあり得ます。同じように強い上昇流があると必ず強い下降流があるとは限りません。強い上昇流と強い下降流を兼ね

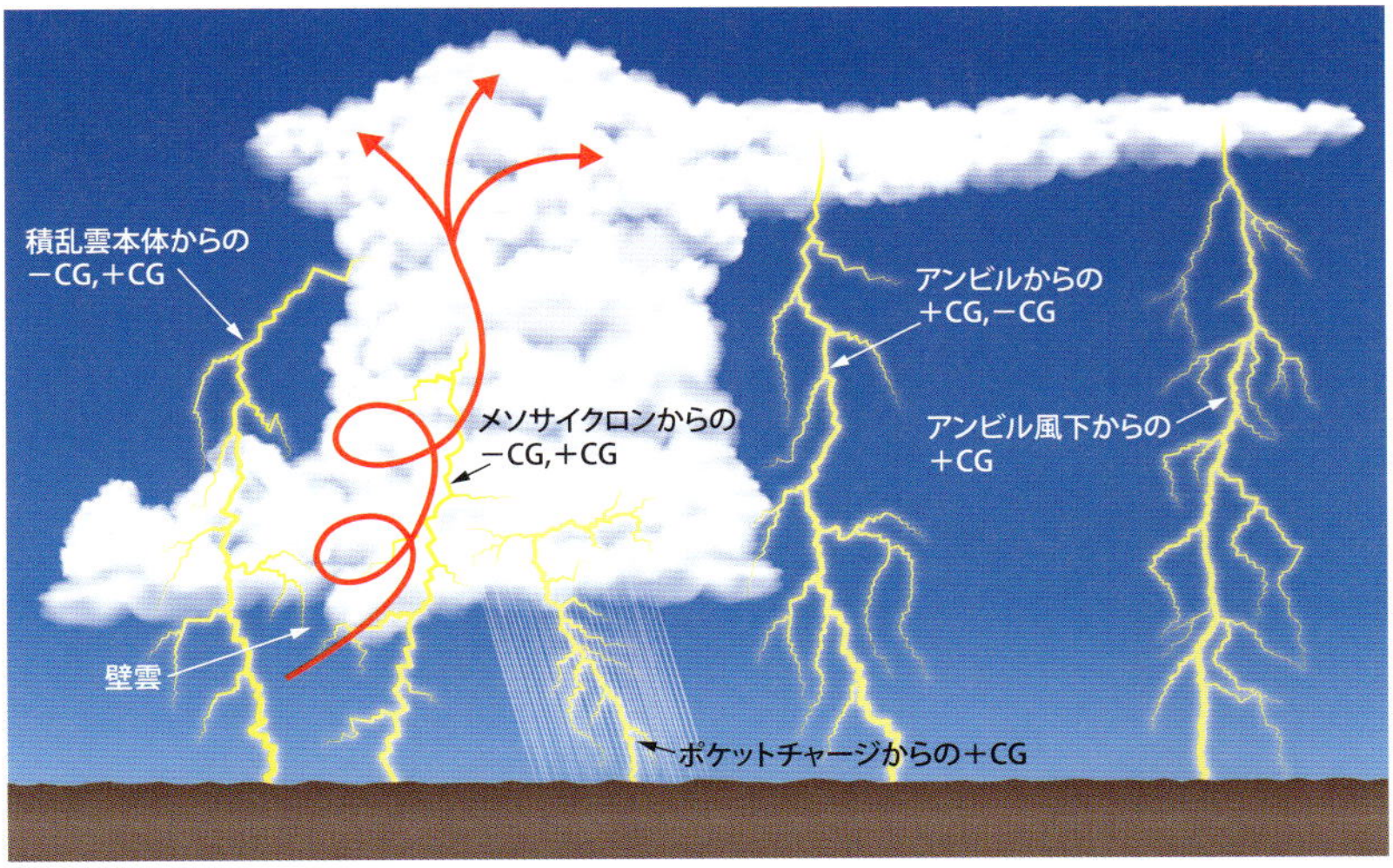

図5.5　サンダーストーム

備えたストームもあり、そういうストームは豪雨をもたらします。* このような事例もサンダーストームの重要なタイプの一つです。

（1）スーパーセル（Supercell）

スーパーセル型の積乱雲は、1個のセルが巨大化して長時間持続するシステム（単一巨大積乱雲）であり、上昇流と下降流がひとつの雲内で共存（住み分け）する点がマルチセルとは大きく異なります。一般に、積乱雲は発達すると水平スケールで数十kmに達し、積乱雲からの下降流が新たな雲を作ることによって、複数の積乱雲が発生することが多くあります。この様子をレーダーでみると、複数のエコーセルが点在することから、マルチセル*（multi-cell）とよばれます。スーパーセル内部には、強い上昇流によって降水粒子が飛ばされた、ノーエコー領域（weak echo vault）が存在し、降水域はこの強い上昇流域を取り囲むように、前方上空にオーバーハング（突き出した）したエコーが特徴的です。平面的にスーパーセルをみると、鉛直方向に風が変化しうまくねじれる影響で、雲自体が回転する結果、上昇流域の周りに降雹域、その外側に強雨域が存在するという、フック状にエコー（hook echo）が観測されます（図５・６）。雲内の循環は、直径10kmのスケールを持ち、メソサイクロン（mesocyclone：竜巻低気圧）とよばれます。近年のドップラーレーダー観測から、メソサイクロン（10km）と竜巻渦（１００ｍ）の間に、直径１km程度の渦（漏斗雲の雲底部分に観られる、一回り大きな親渦）が存在することがわかり、

＊強い上昇流と強い下降流を兼ね備えたストームがもたらす豪雨
正式には“severe”の範疇に入らない。

＊マルチセル
マルチセルには、ランダムに複数の積乱雲が湧くパターンと、規則的に組織化されたものの2種類が存在する。一般に、発達した積乱雲からの下降流が地表にぶつかり、水平方向に発散するアウトフロー（outflow）が、ガストフロント（gust front）上で周囲の暖湿気と収束して新たな積乱雲を形成するパターンを、組織化されたマルチセルとよぶことが多い。自分の前面（前方）に新しい積乱雲（子ども）を産むので、自己増殖型のマルチセルともいわれる。線状降水帯とよばれるマルチセルは、同じ地点で積乱雲が湧き続け風下に流されることでマルチセルとなるので、バックビルディング（back building）型といわれる。

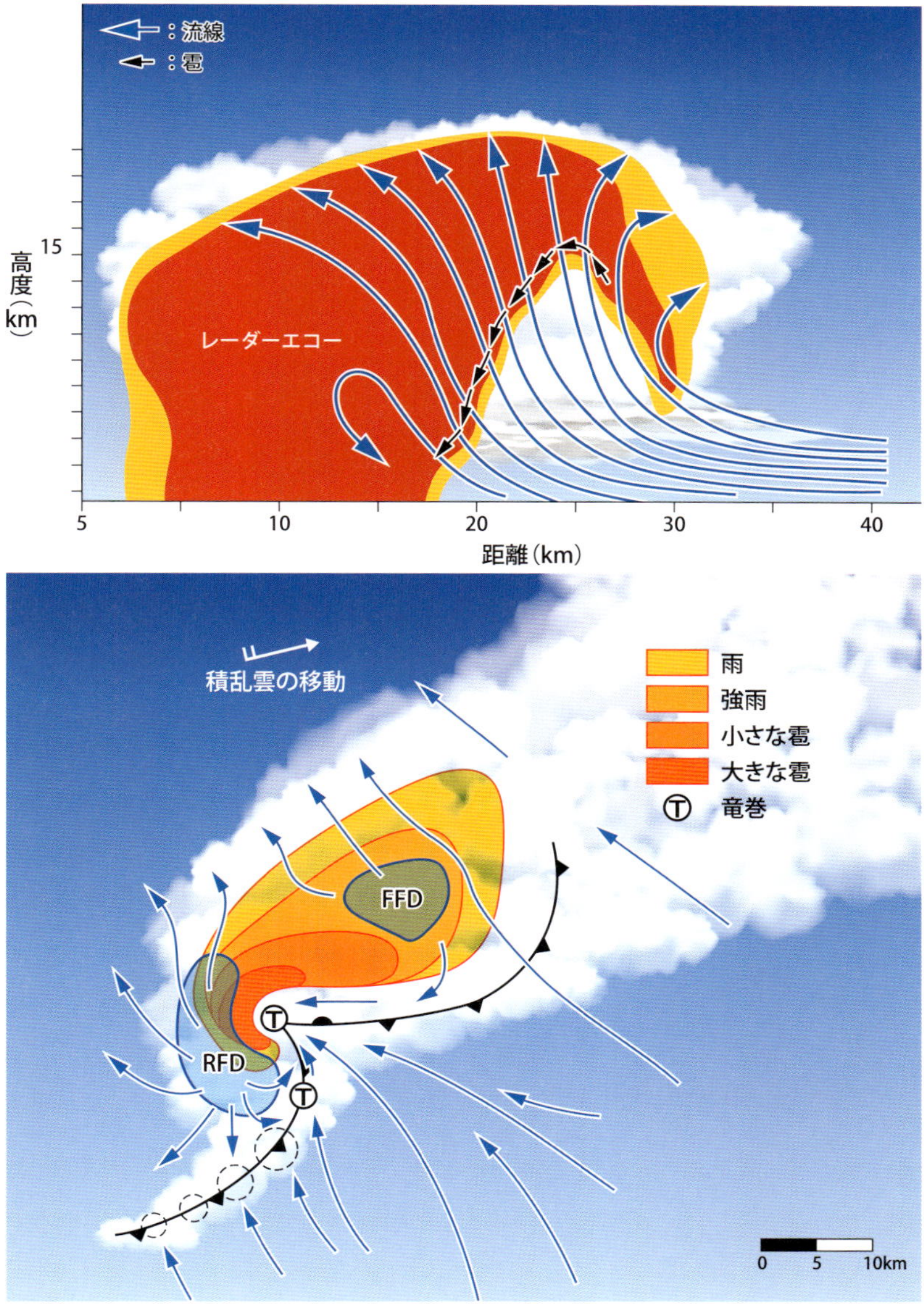

図5.6　スーパーセルの構造

（上）断面図、（下）降水分布と気流場。FFD（Forward Flank Downdraft：前方側面下降流）と、RFD（Rear Flank Downdraft：後方側面下降流）のうち、RFDが作るガストフロント上で竜巻が発生すると考えられている

マイソサイクロン（misocyclone）とよばれています。このようにスーパーセル竜巻は、複雑な階層構造（multi-scale structure）を示すことが多くあります。

（2）ヘイルストーム（Hailstorm）

雹は必ず激しい上昇流と結びついています。氷の粒はストームの高高度でより大きな雹になります。ストーム内の上空では、氷が溶け出す摂氏０℃から−40℃の雲の中で盛んに雹がつくられます。この中間の温度で雲の中で凝結された雲粒は、水の*状態で存在し得ます。過冷却水滴は氷の粒と触れた瞬間に凍結するので発達中の雹は即凍結します。しかし、雹粒が大きすぎて上昇流に乗れない場合は、発達域を通過中に落ちてしまうので大きくなりません。雹の落下速度はどれくらいでしょうか。野球ボール大の雹は、時速１６０㎞（１００マイル）以上の速さで落下します。*理由はわからないものの、激しい上昇流を有するすべての積乱雲が大きな雹を降らせるわけではありませんが、すべての雹は強い上昇流が生み出しています。

（3）ウィンドストーム（Windstorm）

地表における竜巻ではない猛烈な風は、必ずと言ってよいほど強い下降流から生まれます。強い下降流は、ダウンバースト（downburst）ともよばれ、負の浮力*か、または強雨に引きずられるか、あるいは両方が作用するときに生じます。強い下降流によって生じたアウトフローの先端であるガストフロント（gust front）にはし

*雲の中の水
摂氏０℃以下の液体状態を過冷却という。

*雹の落下速度
メジャーリーグの速球投手が投げる球ぐらいの速さであり、積乱雲内の上昇流が野球ボール大（直径約７㎝）の雹をつくり出す強さであることを意味している。

*負の浮力
冷たい空気が下降する。

ばしばアーチ状の雲（アーク、arcとよばれる、ロール状の低い雲）の列が立ち込めます。ストームチェイサーが棚雲（shelf cloud）と恐れる雲です。アーク雲はいろいろな形をとり、ときには幾層にもなります。* アウトフローは鉄板の上に流し込まれたホットケーキの生地のように下降流の下に広がり、下降流が続く限りアウトフローは広がり続けます。アウトフローによって発生する風は、ガストフロントが下降流の近くにあるときは非常に強くなります。たくさんのセルが互いに接近していると、アウトフローが合流して大きく冷たい領域が生まれます。

（4）トルネードストーム（Tornado storm）

アメリカ中西部で発生するトルネードは、スーパーセル・ストームと結びついていることがとても多くあります。強い高度方向のウィンドシア（鉛直シア）があるところでストームが発達すると、雲自体が回転する積乱雲が生まれます。鉛直ウィンドシアは、風速および（または）風向が高さとともに変化するときに起こります。このような環境はさまざまな条件で生じますが、最も多い例は、北と南の間に強い水平方向の温度差があることで生じたジェット気流の結果として、温帯低気圧と結びついてストームが起こる場合です。高さとともに風速が速くなるだけでなく、風向も高さとともに急速に変化します。アメリカ中西部で発達するストームについていえば、地表の南風は、熱帯とメキシコ湾の暖かい海で蒸発した水蒸気を含む湿気の多い暖気を運び、さらに、ロッキー山脈の乾燥した空気は、地表上の南西風によっ

２層のアーク

＊幾層にもなるアーク
層状になる理由は、アウトフロー先端のガストフロント上をインフローが上昇する時の空気中の水蒸気量の鉛直変動によると考えられる。

て運ばれるこの下層の暖湿気の上を滑るように動きます。この乾燥した空気は暖湿気の上を動くところでは暖かいのですが、高くなるとともに急速に冷えていき、高度が増して地上約１６０００ｍのジェット気流の中心の高さに近づくと風速は強くなっていきます。

下層における風向の大きな変化など、強い鉛直ウィンドシアがある環境場では、その中で発達するストーム内部で鉛直軸の回転を促します。積乱雲内の回転は、メソサイクロン（mesocyclone）とよばれ、一定の条件の下で地上数百ｍの高さにまで成長してストームの中で上下に伸び、積乱雲の上から下まで全体が回転し、スーパーセルになります。ただし、そのプロセスについては未だ良くわかっていません。スーパーセルの約20％はトルネードとして発生しますが、残りのスーパーセルはトルネードを生みません。トルネードの大半はスーパーセルから発生し、発生しない場合でも、ほとんどのスーパーセル（約95％）は激しい大気現象を伴います。

5.4 放電過程

雷雲中では、まず雲放電（ＣＣ）が生じ、雲放電でも電荷が中和しきれない時、対地雷撃（ＣＧ）が発生します。それぞれの放電過程は、放電路として肉眼でも認識することができますが、最近では1個1個の放電点、放電路を観測することが可能になりました。落雷に至るまでの放電過程を詳しくみてみましょう。

雷雲内に電荷が蓄積されると、まず部分的な空気の絶縁破壊が始まり、「初期放電」

＊雷動画③　放電路
ハイスピードカメラでリーダの進展を撮影。
（提供：原島広至）

といいます。絶縁破壊は、数ミリ秒～数十ミリ秒（ms、ミリセカンド）間続くと、導電性の高いプラズマ*の道（チャンネル）が形成され、進展と停止を繰り返しながら、空気中を伸びていくため、ステップトリーダ*とよばれます。落雷の放電路は、このステップトリーダとよばれる導電性の高い電荷が絶縁体である空気をつき破りながら、地面に向かっていきます。*ステップトリーダは、進展と休止を繰り返しながら進むため、結果として放電路は枝分かれしながら進展するように見えます。そのため、落雷放電路は〝ギザギザ〟に描かれます。

落雷放電は進んでは止まって
を繰り返してステップ状に進むから
ステップトリーダっていうんだ。
ひとつのステップは
50メートル
といわれているよ。

　地上付近の電界が高まると、大地からはプラスのリーダが、雲からのマイナスリーダを迎える形で伸び始めます。上空からのマイナスリーダ（ステップトリーダ）と地面から上向きのプラスリーダ（結合リーダ）が接したとたん、*雲内から大地までの放電路が電気的につながり、地面から雲に向かって大電流が発生し、雲内の電荷は中和されます。*この状態を、〝リーダが地面に到達した〟といい、時間にして約20ms程度です。放電路の温度は、３００００Ｋ（ケルビン）に達し、激しい閃光（雷光）が生じ、大きな電流が流れる際に衝撃波が発生し、雷鳴（thunder）となります。

　地面に達したステップトリーダに対して逆向きに流れる電流は、帰還雷撃*とよばれ、ステップトリーダとリターン

＊導電性の高いプラズマ
一般に、気体分子が電離し、陽イオンと電子に分かれて運動する状態を指す。固体、液体、気体に続く第４の状態ともいえる。

＊ステップトリーダ
落雷に先行する弱い放電路の先端を指す。stepped leader。

＊リーダの進展速度
平均速度は10^5ｍ／ｓ程度。

＊マイナスリーダとプラスリーダの結合
この過程を、結合リーダ（attachment process）とよぶ。

＊雲内の電荷の中和
避雷針はこの原理を応用したものである。地面の突起物は、電界の集中により、結合リーダが発生しやすいため、特定の部分からの結合リーダにより、ステップトリーダを誘雷する原理である。

＊帰還雷撃
リターンストローク、return stroke。

ストロークの組み合わせを、雷撃（stroke）といいます。最初の雷撃を、第一雷撃（first stroke）とよび、数十ms間隔で続く、第二、第三、それ以降の雷撃をまとめて、後続雷撃といいます（図5・7）。実際の落雷では、再びリーダが雲から地面に伸びてきて、同様の過程を何度も繰り返すことがよく観測されます。後続雷撃を有する雷放電を、多重落雷とよび、後続雷撃の回数を多重度といいます。一旦、雲

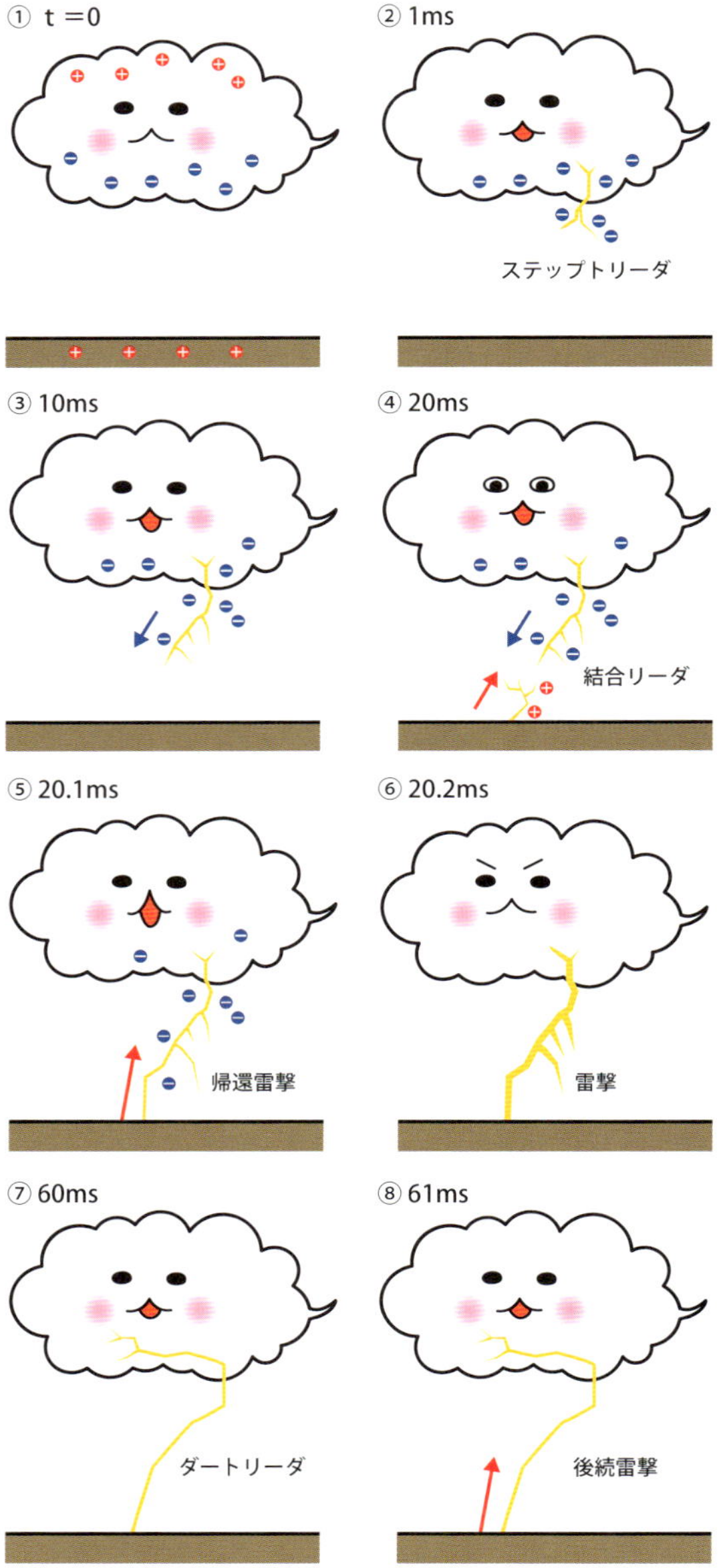

図5.7　放電進展過程

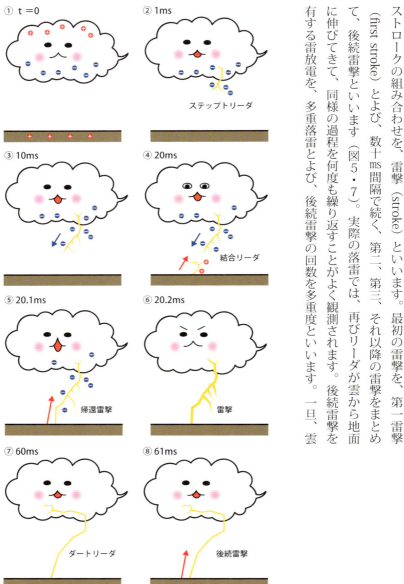

と地上との間に放電路が出来上がると、周囲の空気よりはるかに電気伝導性の高い領域が確保されるために、リーダの往復（多重度）*が生じやすくなるのです。

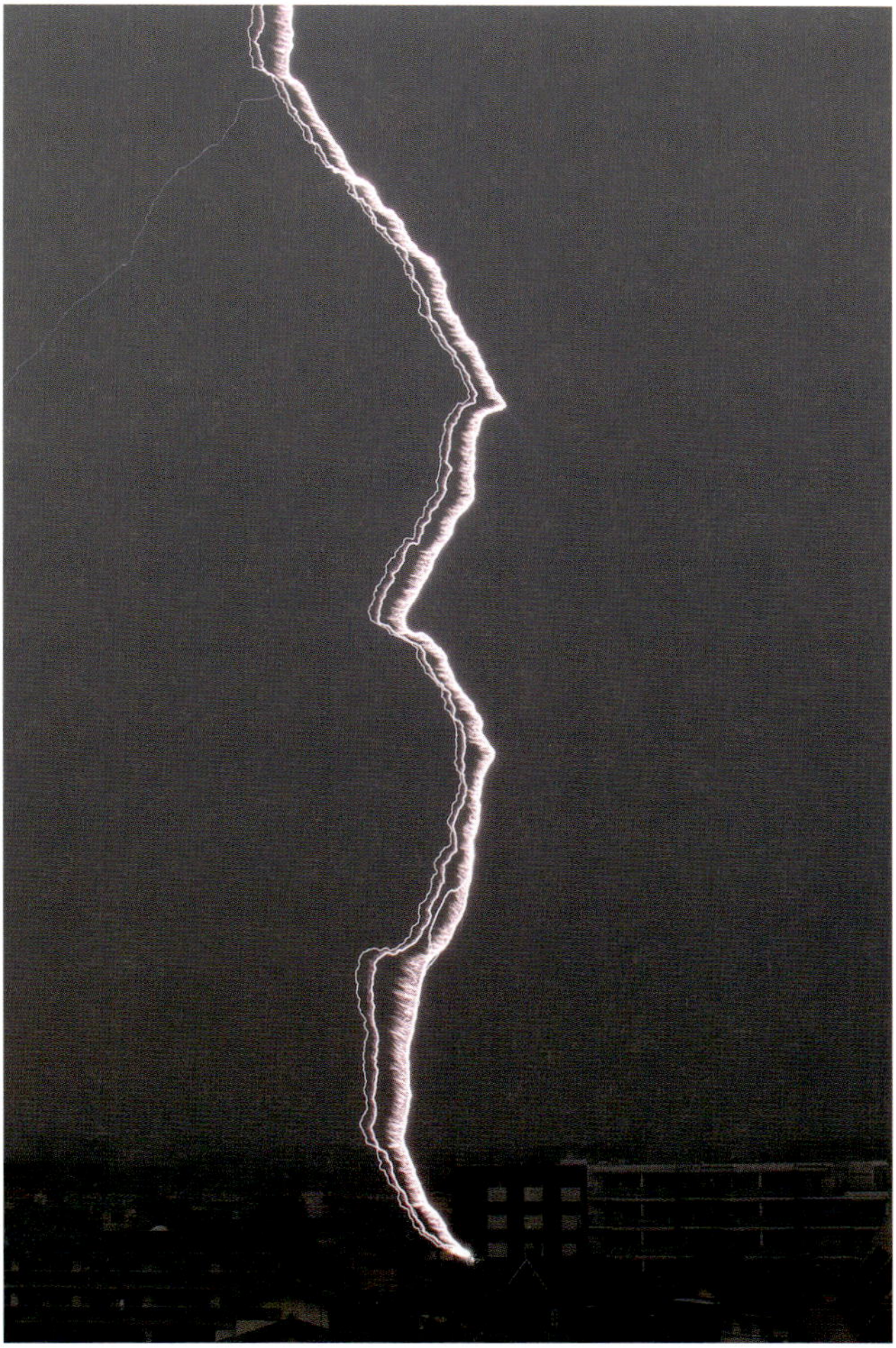

放電過程
（写真提供：音羽電機工業株式会社／野村佐理［第11回雷写真コンテスト学術賞 近くに落雷］）

＊リーダの往復（**多重度**）
後続雷撃の中で、先行する雷撃と異なる放電路を通って雷撃に至るものは、多地点落雷と定義される。２・３節参照。

6章　雷の観測

6.1 落雷位置評定システム（LLS）

落雷位置評定システム（LLS：Lightning Location System）は、リターンストロークに伴う電磁波を、地上に設置した複数のアンテナで受信し、雷撃位置を同定するもので、1980年代に電力会社を中心に導入が始まりました。* 雷撃位置の評定には、複数のアンテナを適当な距離だけ離して設置して、半径100～200㎞程度の落雷を受信するシステムが開発されています。落雷の評定方法には、①到達時間差法、②交会法、③干渉法の3つが存在します（図6・1）。

① 到達時間差法は、雷放電による電磁波を2地点で観測すると、アンテナ間で電波の時間差が生じることを用いています。さらにもう1地点で観測すると、時間差が一定となる平面上の点（解）を求めることができます。この点が、電磁波の放射源であり、落雷位置となります。到達時間差法を用いたLLSは、LPATS（Lightning Positioning and Tracking System）とよばれています。

観光スポットでお馴染みの東京スカイツリーでは高層であることを活用して雷観測がされているんだよ。
高さ634m！

＊落雷位置評定システムの導入
電力会社にとって、雷撃による送電線事故などによる停電等の発生は重大な問題であった。わが国では、落雷頻度の高い夏季雷だけでなく、大きく性状の異なる冬季雷双方の雷撃が存在し、雷撃は電力会社のトラブルのかなりの割合を占めており、落雷を定量的に観測する必要があった。

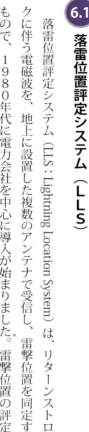

②　交会法は、ループアンテナを南北方向と東西方向に直交するように配置し、落雷の電磁波を受信した各々の出力電圧の比から、電磁波の方向を求められるのが測定原理です。この直交ループアンテナを2カ所に設置すれば、落雷地点が決定されます。電流の波高値や、極性（＋－）、多重度の情報も得られます。この原理を用いたＬＬＳは、ＬＬＰ（Lightning Location and Protection）とよばれています。

③　干渉法は、電磁波を受信する際、2本のアンテナ間で生じる位相差を利用したシステムです。位相差がわかると、電波の到来方向を求めることができるため、落雷位置が決定されます。この原理を用いたＬＬＳは、ＳＡＦＩＲ*（System de Surveillance et d'Alerte Foudre par Interferometrie Radiotechnique）とよばれています。

現在のシステムでは、到達時間差法と、到来方向から計算する方位交会法の2種類のアルゴリズムを組み合わせることで、高い評定精度が実現されています。各電力会社のシステムの他に、日本全国をひとつのネットワークで観測・運用するシステムが、気象庁、大学、民間会社で運用されています。一般に、ＬＬＳで観測できるのは、雷撃発生時刻、雷撃位置、雷撃電流波高値（極性）、多重度です。

ＬＬＳの観測精度は、設置するアンテナの密度に依存しますが、日本全国をカバーするシステムでは、夏季雷で検出率が80～90％、評定位置の測定精度は1㎞未満とされています。背の高い暖候期の積乱雲からの落雷は、ほぼ鉛直方向に伸びるため、

*ＳＡＦＩＲ
ＬＰＡＴＳ、ＬＬＰ、ＳＡＦＩＲは、それぞれ開発したメーカーの商品名であるが、総称であるＬＬＳの原理別の測器ということで、広く用いられている。

検出率も高く、測定誤差も小さくなります。* 一方、冬季雷は雲頂、雲底も低く、放電路も鉛直方向からずれる角度が大きいために、検出率は低く、* 測定誤差は数kmと大きくなります。LLSを用いれば、ほとんど夏季雷は観測可能ですが、冬季雷に関しては、未だ〝見えない〟雷も数多く残っています。

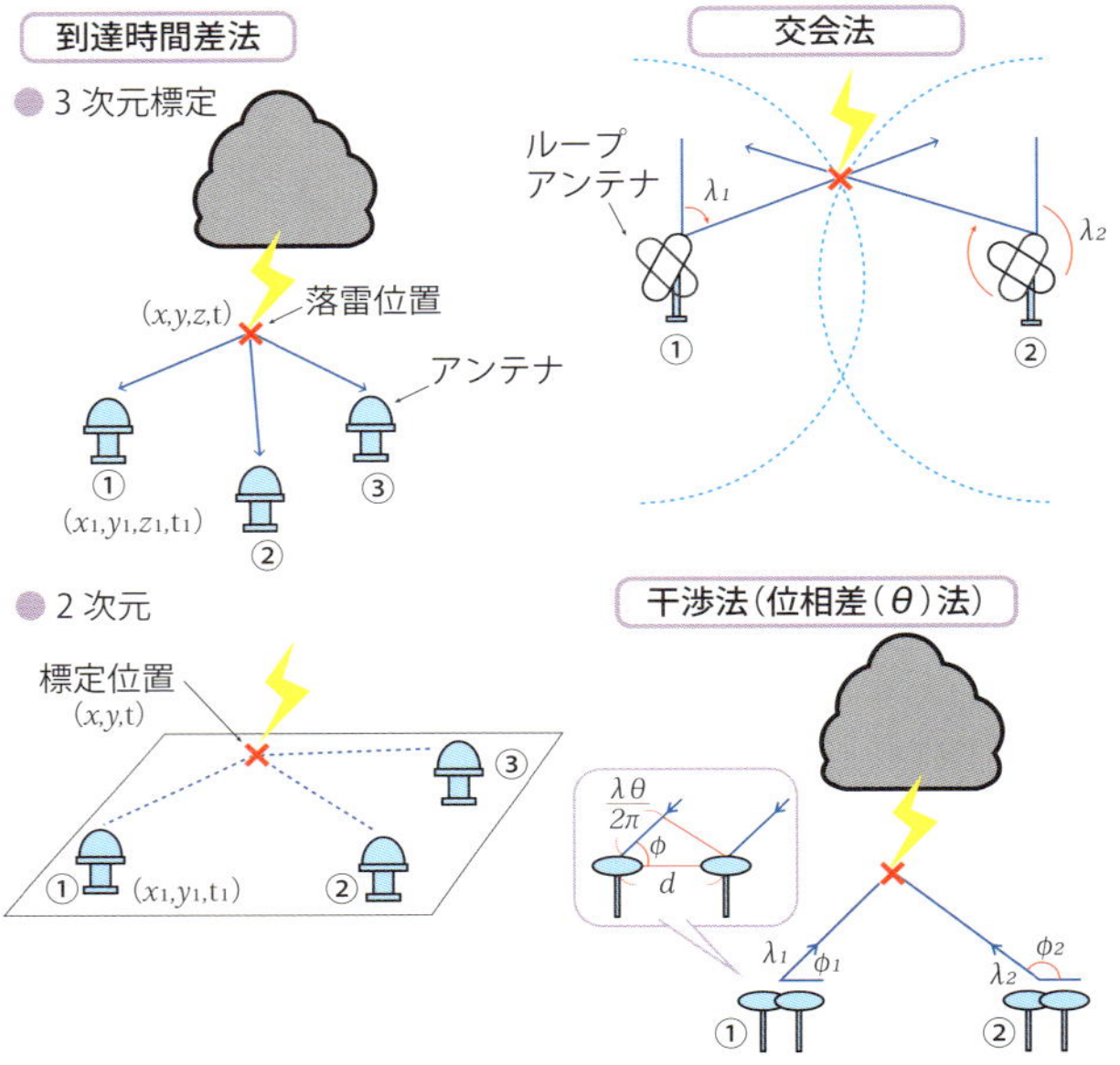

図6.1　落雷位置評定システム（LLS）の測定原理

LLSアンテナ（松井倫弘氏提供）

***夏季雷の検出率**
観測時刻の誤差は、GPSを用いているため、数ミリセカンド（ms）と極めて小さい。

***冬季雷の検出率**
事例にもよるが、50～60％に下がるといわれている。

気象庁（ＬＩＤＥＮ）

気象庁の雷監視システムは、全国30カ所、北は北海道の稚内から南は沖縄の与那国まで、約２００km間隔で検知局が設置されています。このシステムは、ライデン（LIDEN：LIghtning DEtection Network system）とよばれ、雷情報は航空会社に提供され、航空機の安全運航や空港における地上作業の安全確保に利用され、２０１７年1月から一般にも公開されています。

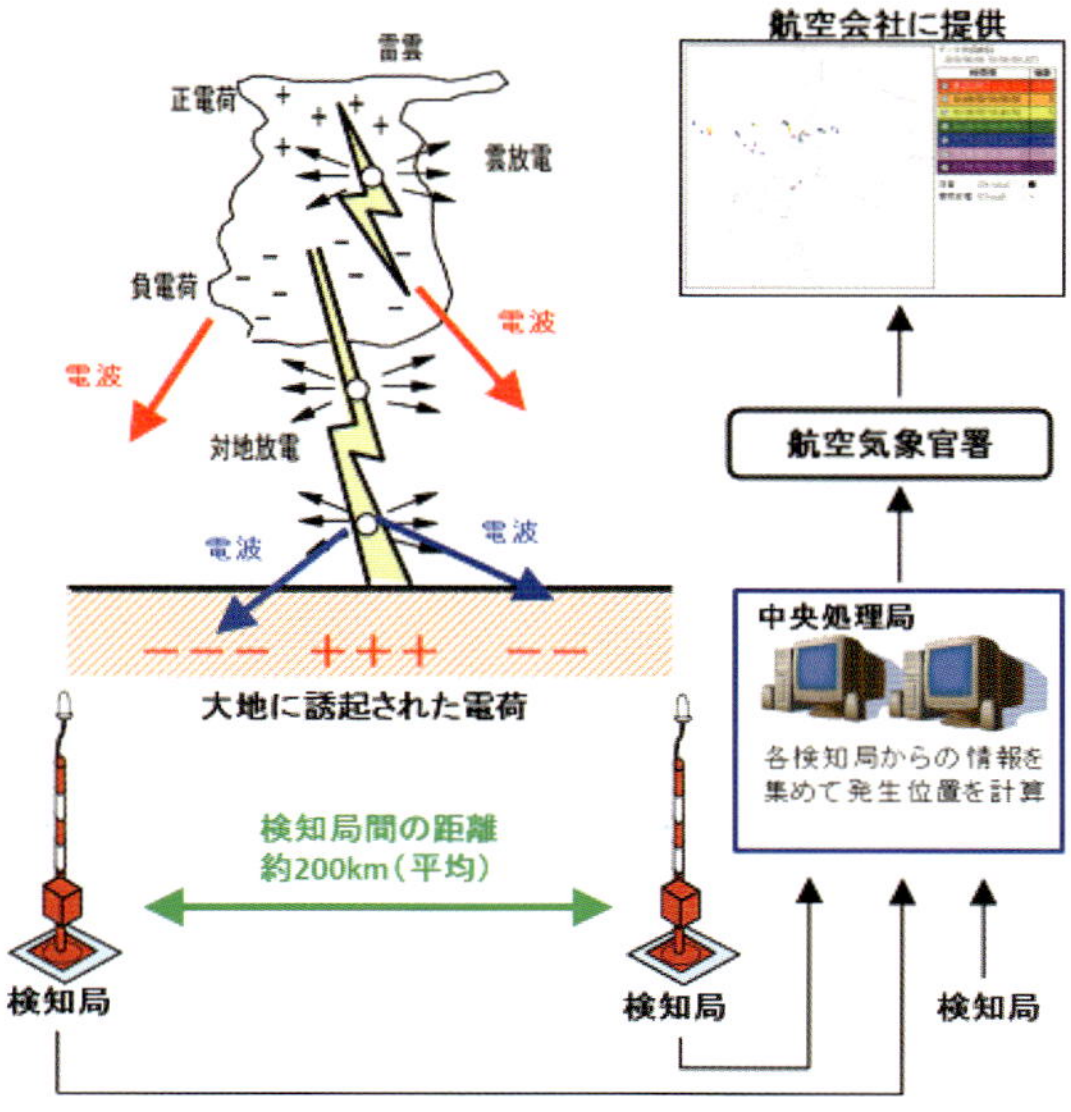

気象庁の雷監視システム（気象庁）

6.2 台風に伴う雷、竜巻に伴う雷

さまざまな大気現象に伴い雷が発生することを学んできました。わが国固有といってもよい冬季雷だけではなく、最近では台風や竜巻に伴う雷も観測され、その特徴が論じられるようになってきました。台風、竜巻に伴う落雷特性を、最近の具体的な事例をもとに紹介しましょう。

（1）台風に伴う雷活動

台風は激しい大気現象であり、〝台風の眼〟の周囲には壁雲とよばれる発達した積乱雲が存在し、台風の周辺は中心に吹き込む風に沿って積乱雲の列*が形成されます（図６・２）。一見、雷活動も活発に行われていると思われがちですが、台風は

＊積乱雲の列　アウターレインバンドとよばれる。

熱帯起源の積乱雲、つまり氷晶を含まない積乱雲*であるため、−10℃レベルにおけるアラレ粒子による電荷分離が不活発なのです。

台風を調べてみると、雷活動が活発な台風もあれば、全く落雷が観測されない台風もあります。さらに、台風のライフサイクルを通じても雷活動は大きく変化します。特に、上陸前後には、台風そのものの構造の変化（台風の温帯低気圧化）や前線（梅雨前線や秋雨前線）の影響で、積乱雲の構造が変化するため、落雷頻度も大きく変化します。台風に伴う雷活動は未だ十分に理解されていない研究領域といえます。

平成30年台風21号に伴う雷活動

２０１８年台風21号*は、8月28日南鳥島近海で発生し31日9時には９１５hPaに達し、〝猛烈な〟*勢力に発達し、9月4日12時に９５０hPaで徳島県南部に上陸した後、紀伊水道をぬけて4日14時には神戸市に上陸し、その後、9月5日3時に北海道渡島半島西部に達し、5日9時に温帯低気圧に変わりました。台風21号に伴い四国、近畿

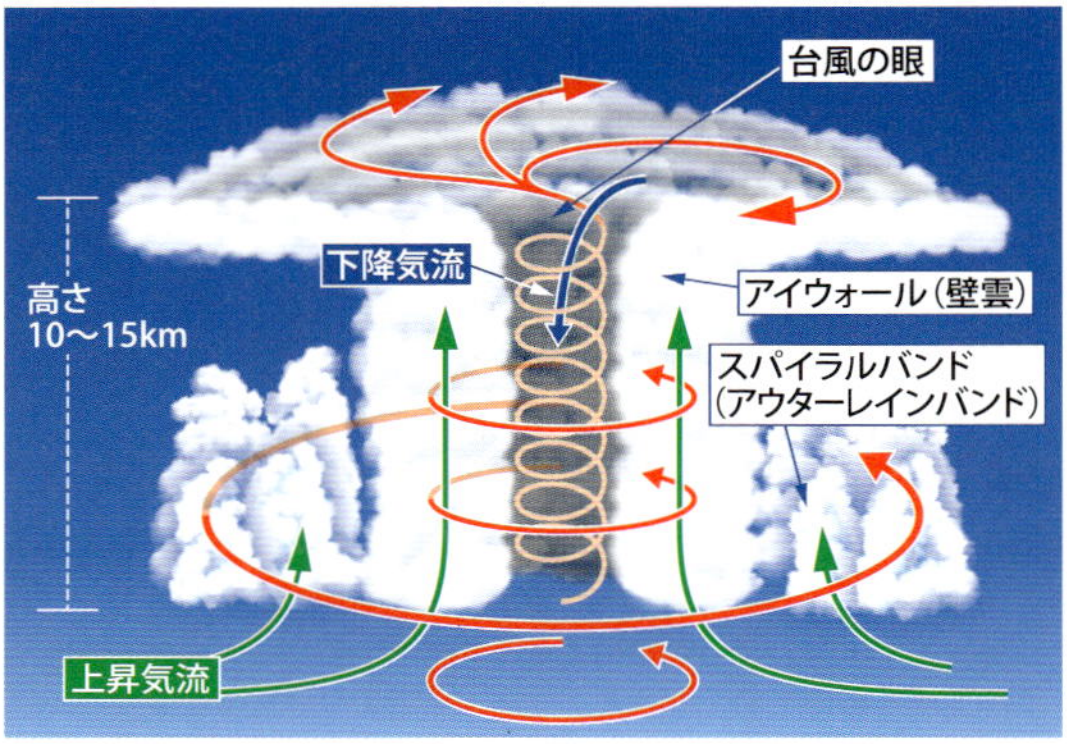

図6.2　台風の断面図

＊氷晶を含まない積乱雲
中緯度の積乱雲は氷晶やアラレなど固体粒子を含むのに対して、熱帯の積乱雲は0℃レベルより暖かい高度での積乱雲なので構造が大きく異なる。降水機構の観点では、前者を〝冷たい雨（cold rain）〟、後者を〝暖かい雨（warm rain）〟とよび区別している。暖かい雨は、氷を含まないので、「水雲」ともよばれる。

＊２０１８年台風21号
T1821、アジア名チェービー（Jebi）。

＊猛烈な台風
最大風速54m/s以上。最大風速は10分間の平均風速の最大値。

から北海道に至る広範囲で強風が観測され、各地で住宅の屋根や工事用足場の倒壊などの被害が発生し、特に、近畿圏では、関空島（大阪府泉南郡）で58・1m/s、和歌山（和歌山市）で57・4m/s、室戸岬（高知県室戸市）で55・3m/sを記録するなど、これまでの最大瞬間風速を更新するような強風が観測されました。〝非常に強い*〟勢力のまま上陸したのは、1993年の台風13号以来25年ぶりのことでした*。

台風21号に伴う雷活動は、対地雷撃（CG）数が8000回を超え、比較的活発だったといえます。落雷分布は、近畿から関東の太平洋沿岸に集中していました*（図6・3）。台風の暴風半径内、強風半径内、その外側の3つの領域で落雷数を比較すると、暴風半径内で発生した落雷は上陸まではほとんど観測されず、上陸後の近畿、北陸で観測され、その後の日本海上では観測されないという特徴的な傾向を示しました*（図6・4）。台風が温帯低気圧化という変化を辿っていく過程で、中身の積乱雲も熱帯起源の雲（暖かい雨）から変質していったことがわかりました。また、落雷の極性は、暴風域内で正極性雷の割合が7割を超えて非常に高い割合を示しました*（図6・5）。

台風21号によって関西空港の
浸水被害や空港と対岸を
結ぶ連絡橋に船が
衝突するなど
大災害が起こったんだ。

＊非常に強い台風
最大風速44m/s以上54m/s未満。

＊25年ぶりの非常に強い台風
非常に強い台風が大阪など大都市を襲ったのは稀であり、最大瞬間風速が50m/sを超える強風に大都市が曝されたのも初めての経験といえる。その結果、数十台の車の横転、1000本を超える電柱の倒壊、40000棟を超える住宅被害など、これまでの経験と想像を絶する被害件数が報告された。

＊台風21号に伴う落雷分布
台風の南で発達したアウターレインバンドを形成する積乱雲からの落雷頻度が高かったことを示している。

＊暴風圏内の積乱雲（インナーレインバンド）の電荷分離は不活発であったことを示唆しており、海洋上では台風中心付近の積乱雲は熱帯起源の水雲であったことが理由と考えられる。一方上陸後は、地形による上昇流の強化により、積乱雲が発達したことが、陸上のみで落雷が観測された原因と考えられる。

＊落雷の極性
冬季雷の正極性雷の割合が平均で5割程度を考慮すると、異常に高い割合といえる。

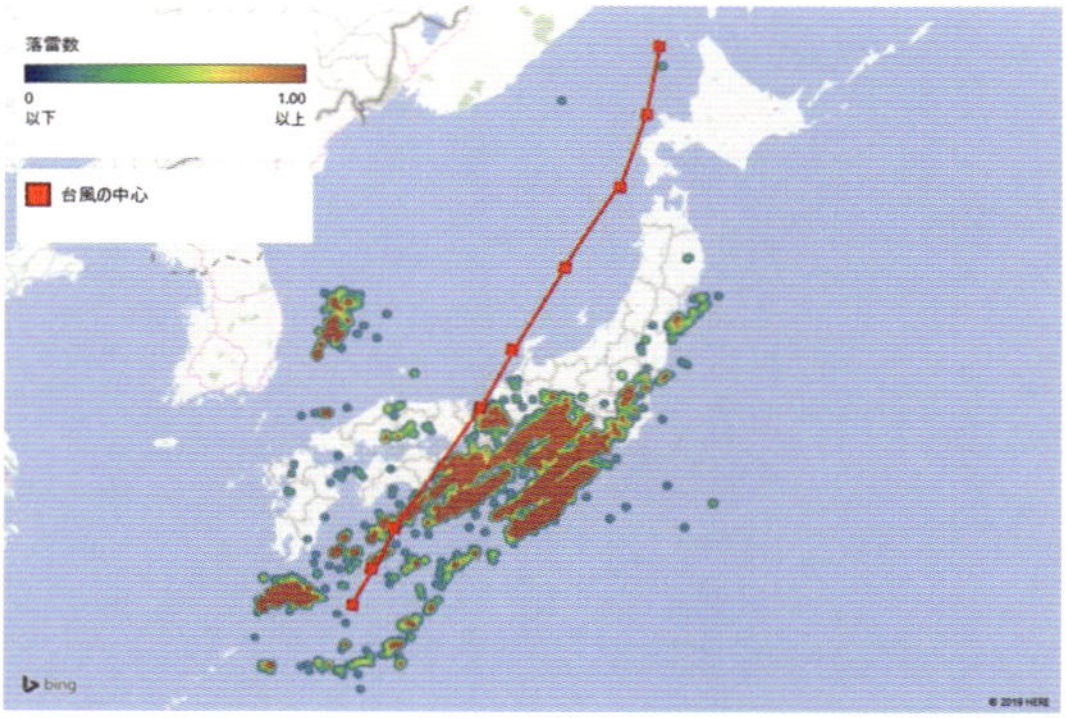

図6.3　2018年台風21号（T1821）に伴う落雷頻度（単位面積当たりの落雷密度で表す）

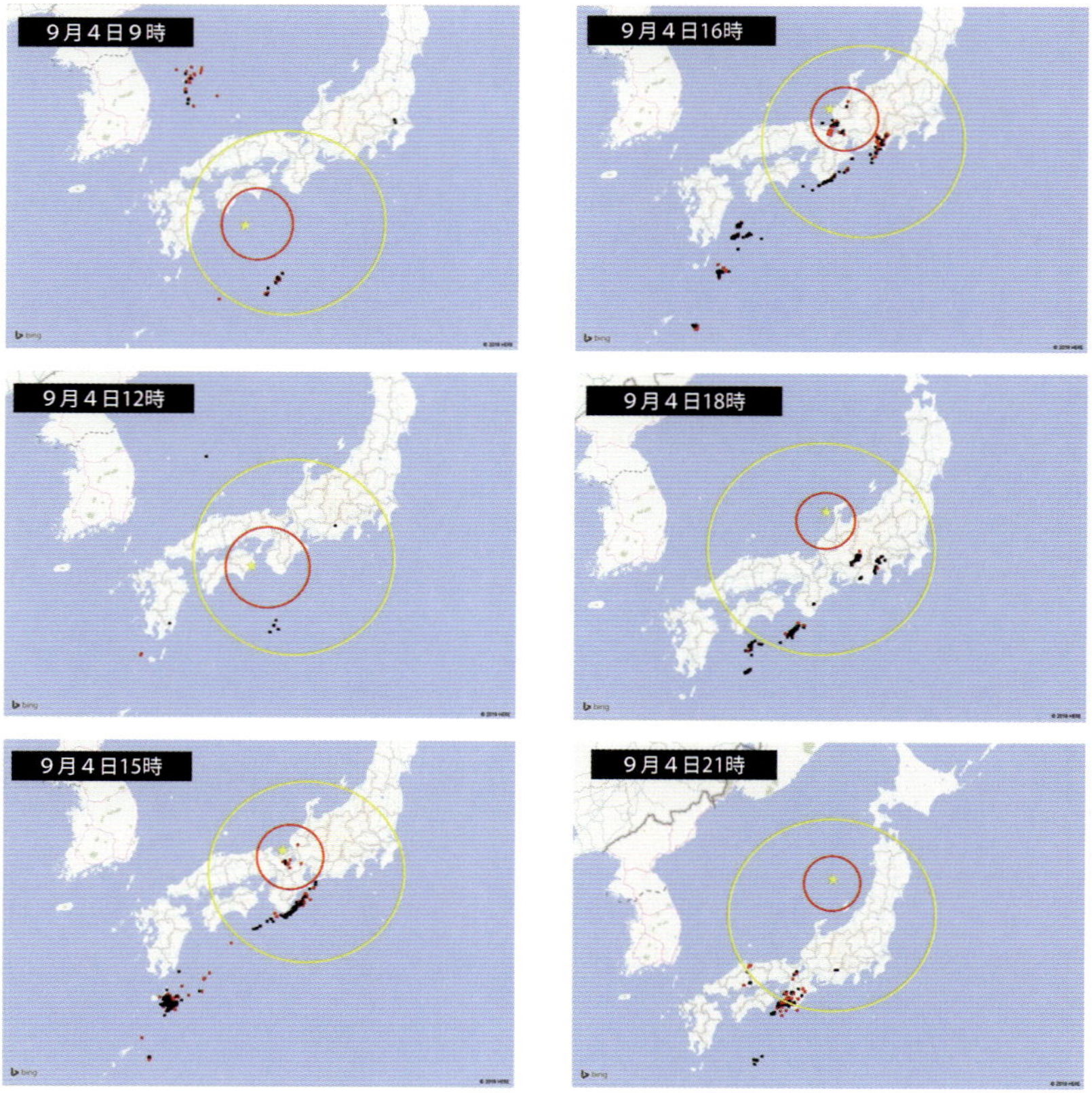

図6.4　9月4日9時から21時までの落雷分布（●：負極性、●：正極性）

令和元年台風15号に伴う雷活動

２０１９年台風15号*は、９月８日21時頃神津島付近で再発達し、９５５hPaの〝非常に強い〟勢力のまま９日３時頃三浦半島を通過し、９６０hPaで千葉市に上陸しました。台風が非常に強い勢力のまま関東に接近したのは珍しく、２０１８年関西を襲った台風21号に次いで、首都圏が50ｍ／ｓを超える強風に曝されました*。

今回の台風では、住家だけでなく送配電設備、農業施設、樹木等が広域で甚大な被害に見舞われました*。このため、長期間におよぶ停電、首都圏では鉄道が計画運休を実施し、運転再開が月曜日の朝と重なったこともあり大混乱となり社会的な問題となりました。

台風15号に伴う雷活動は、台風のスケールがコンパクト*であったことを反映して、台風の中心付近に集中していたことから、台風中心の壁雲に伴い落雷が発生したと推定されますが、上陸時に落雷は全く観測されず、海上に抜けると再び

令和元年台風15号は
最大規模の台風で
千葉県で発生した暴風は
観測史上1位と
されているよ。

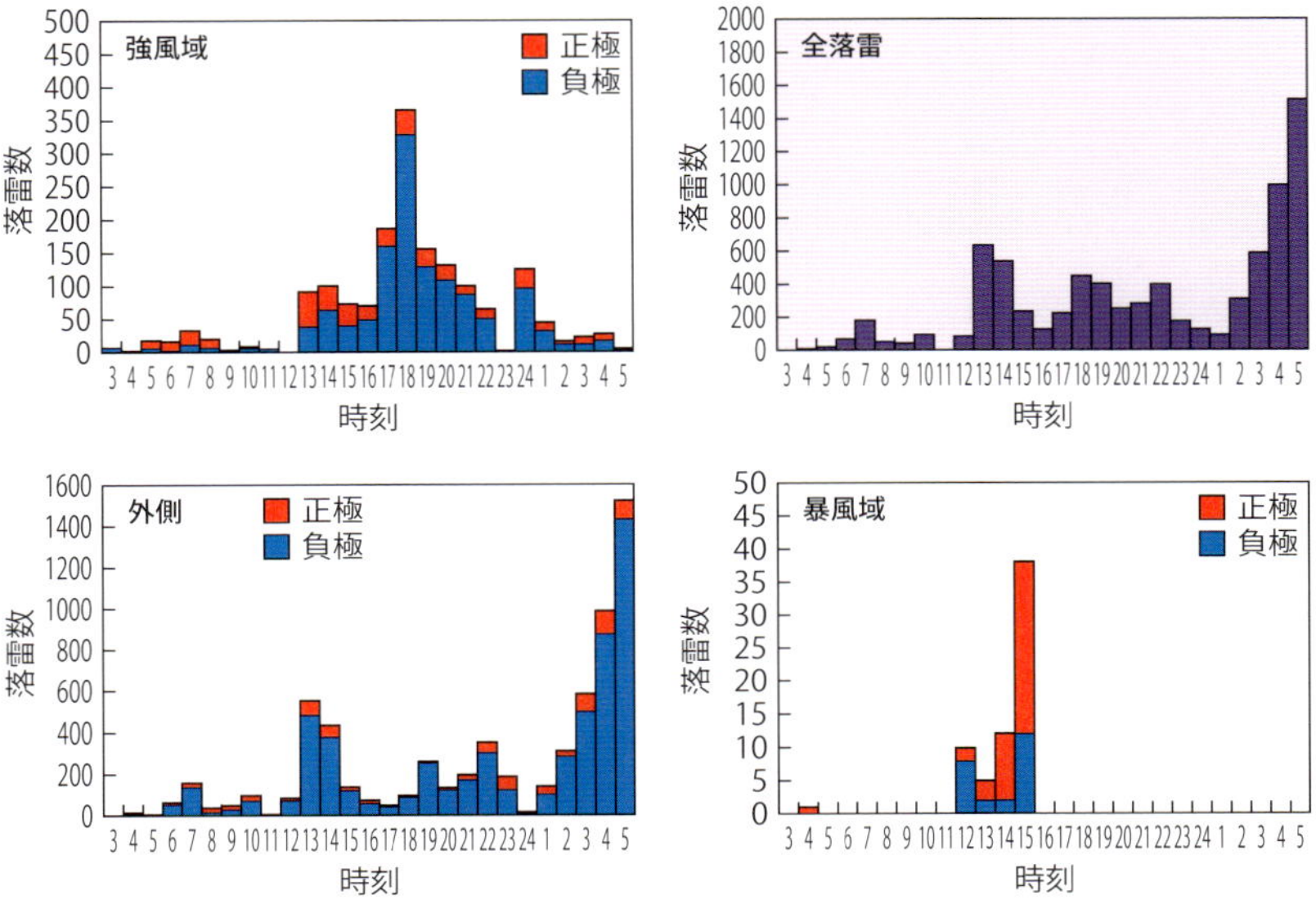
強風域
全落雷
外側
暴風域
正極
負極
落雷数
時刻

図6.5　2018年９月４日３時から５日６時までの落雷頻度

落雷が発生しました（図6・6）。落雷の極性は、台風21号と同様に、正極性雷の割合が5割を超えました。このように、台風を形成する積乱雲の雷活動度は事例によって活発、不活発両方のパターンが存在し、落雷が1個も観測されない台風から、高頻度の落雷を伴う台風まで千差万別といえます。海上における雷活動と上陸時の変化は、両台風で逆の傾向を示していたので、台風の中心付近における正極性雷の卓越が何によって起こるのか今後調べる必要があります。

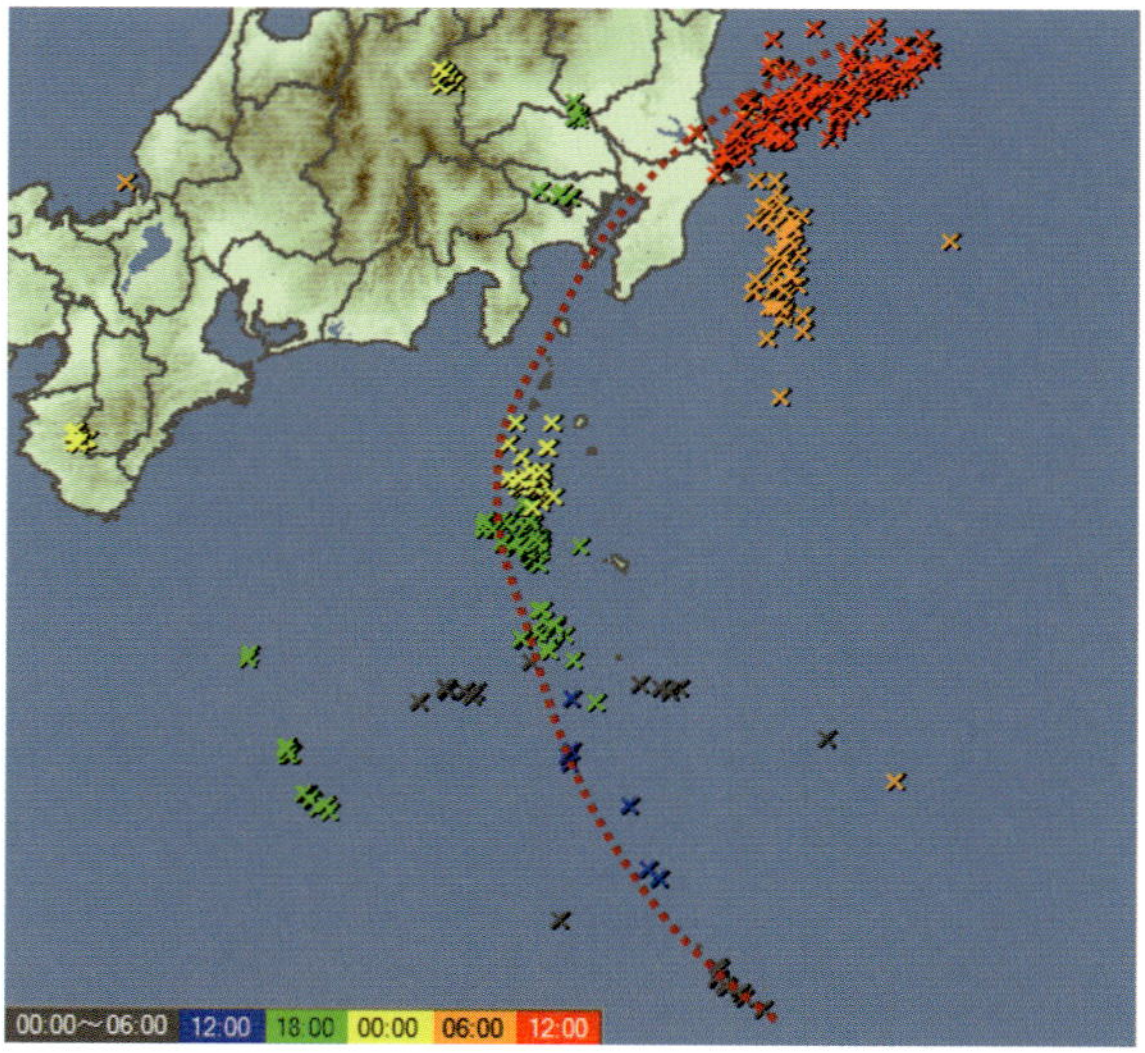

図6.6　2019年台風15号（T1915）に伴う落雷分布（フランクリン・ジャパン）

＊2019年台風15号
T1915、アジア名ファクサイ（Faxai）。

＊首都圏の強風
関東近海で再発達したことから、東京島嶼部から関東南部で特に暴風による被害が発生した。神津島村で58・1m／s、千葉市中央区で57・5m／sを記録するなど、これまでの最大瞬間風速を更新するような強風が観測された。

＊台風15号による甚大な被害
台風15号による人的被害は、死者が1人（強風にあおられたことによる）、負傷者は重軽傷者合わせて150人を超えた（総務省消防庁、10月4日現在）。住宅被害は、全壊219棟、半壊2126棟、一部破損39828棟となっており（消防庁、10月10日現在）、全壊と半壊数はT1821の数を一桁上回る結果となった。最大瞬間風速が50m／sを超える強風に首都圏が曝されたのも近年初めての経験といえる。その結果、房総半島南部では、集落内のほとんどの家屋に被害が生じるなど、これまでの経験と想像を絶する被害となった。

＊コンパクトなスケールの台風
暴風域の最大半径は約110㎞と狭く、実際に観測された強風や建物被害は半径50㎞内に集中していた。

（2）竜巻に伴う雷活動

トルネードストームはサンダーストームの一種ですから、アメリカ中西部で発生、発達するスーパーセルは活発な雷活動を伴うのが一般的です。スーパーセル内部には、強い上昇流と降雹を伴う強い下降流が存在するために、落雷分布も特徴的な様相を呈します。また、竜巻の前後で落雷のピークが存在することも発見されました。日本で発生したスーパーセルの事例をみていきましょう。

サロマ竜巻をもたらした積乱雲に伴う雷活動

２００６年11月7日13時すぎに北海道佐呂間町でＦ３スケールの竜巻が発生しました。* 当日は、発達した低気圧から南北に伸びる寒冷前線が北海道上空を東進し、竜巻をもたらした親雲である積乱雲のエコーは、11時に日高の浦河町付近に存在し、その後北北東進しました（図６・７）。この積乱雲エコーは、発達と衰弱を繰り返しながら、反射強度の強いコア領域と相対的に弱い領域を含むシステムを持続しました。*

落雷数は1時間当たり１０００回を超え、夏季の積乱雲や前線に伴う落雷と比較しても非常に活発でした。落雷は主として前線帯に沿った場所（寒冷前線の東側）に集中し、特に発達した積乱雲（積乱雲エコー）に伴い落雷頻度が高くなった領域が存在しました。落雷は、1分間に10回から30回程度の頻度で続き、竜巻の発生した13時頃一旦弱まった後にピークが存在していました（図６・８）。これが竜巻発

＊**２００６年のサロマ竜巻**
拙著『竜巻』参照。

＊このようなエコーの特徴はメソ対流システム（mesoscale convective system）の様相を呈し（5・2節）、佐呂間町上空に存在する対流性の強エコー（40㎜/h以上）セルとその北側に広がる相対的に弱いエコー領域（層状性領域）が特徴的であった。

生直前に観測された落雷のジャンプ（ピーク）です。具体的には、強エコー周辺の落雷は、エコーコアの北西部に集中し、弱エコー域では広い範囲で負極性落雷が観測されました。* エコーコア周辺、北西部の相対的に強いエコー域で観測された正極性落雷は、地上でアラレが観測されたことから、アラレに伴うポケットチャージと推測されます（図6・9）。強エコー領域内において発生した10分間落雷頻度をみ

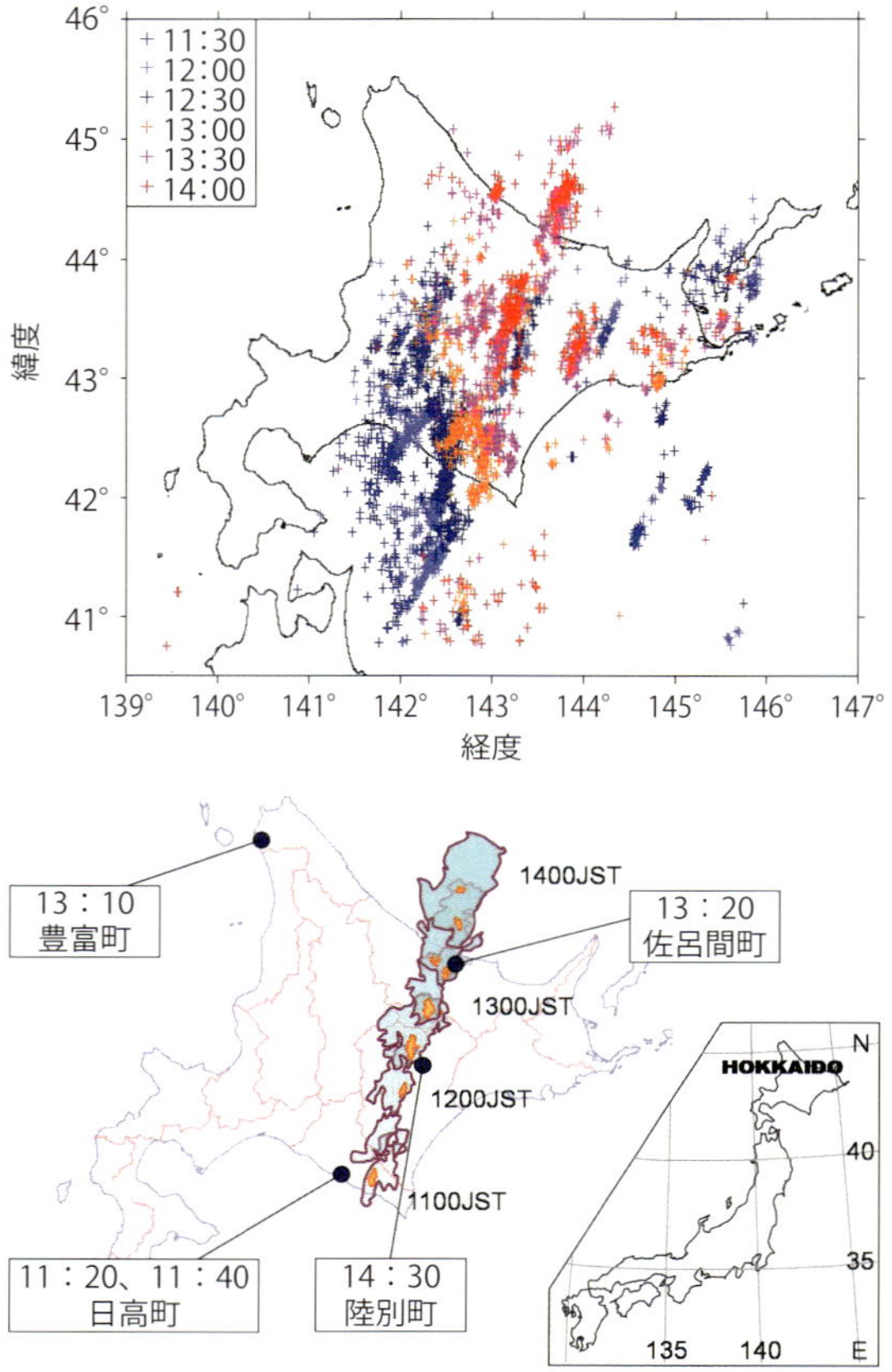

図6.7　2006年11月７日11時から14時までの北海道周辺（40.5°～45.5°N、139°～147°E）における落雷分布（上）とエコー分布（下）。黒丸印（●）は突風発生場所を示す

*極性に関しては、ほとんどが負極正落雷であり、正極性落雷は13時20分に3回のみであった（図6・9中＋）。この結果は、積乱雲上部および雲底付近のアラレに伴うポケットチャージとよばれる正極性雷が不活発であったことを意味している。ポケットチャージは、雷雲の3極構造の内、雲底付近に存在する正極性電荷を指し、降水によって形成される電荷領域は、積乱雲のスケールからみて極めて局所的であることから、こうよばれる。

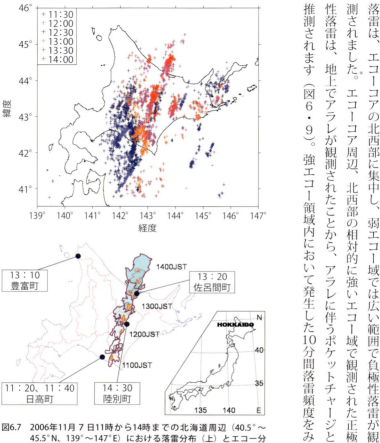

ると、周期的に変化し、１回目のピークは12時10分に現れ、２回目のピークは竜巻の発生後の13時30分に観測されました（図６・10）。図６・11に示したように、落雷の時間変化は、メソ対流システムの発達過程（エコー面積）とよく対応していました。*

一般に、北海道における冬季雷は10月から11月にかけての初冬に観測されますが、

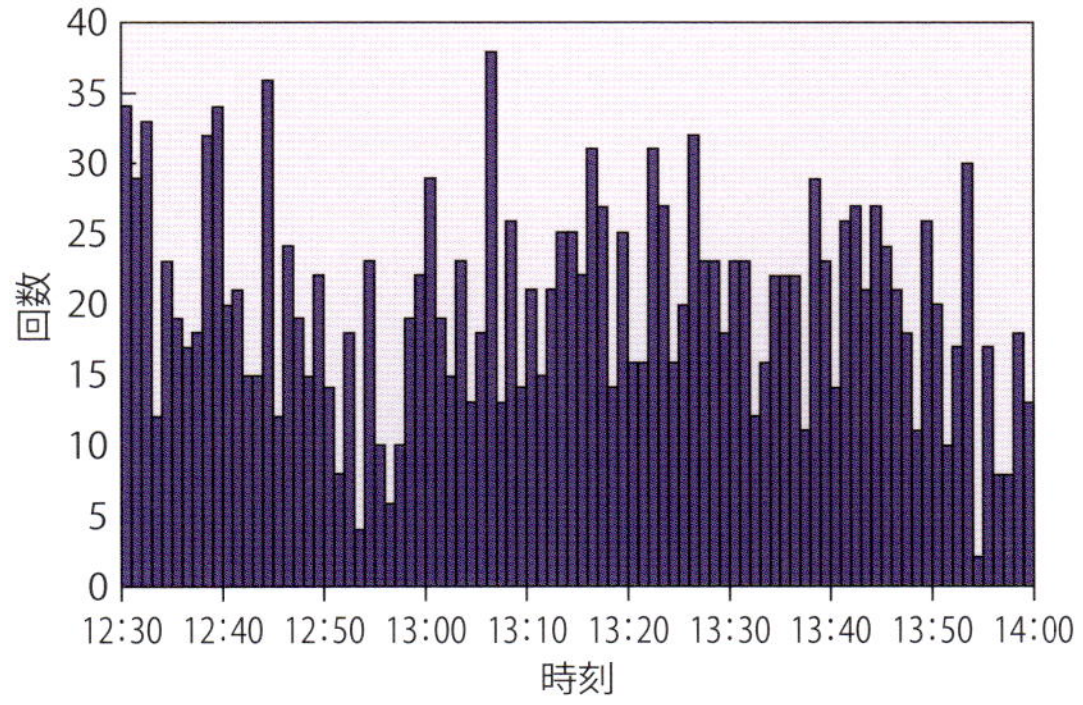

図6.8　12時30分から14時までの図6.7の領域における１分毎の落雷頻度

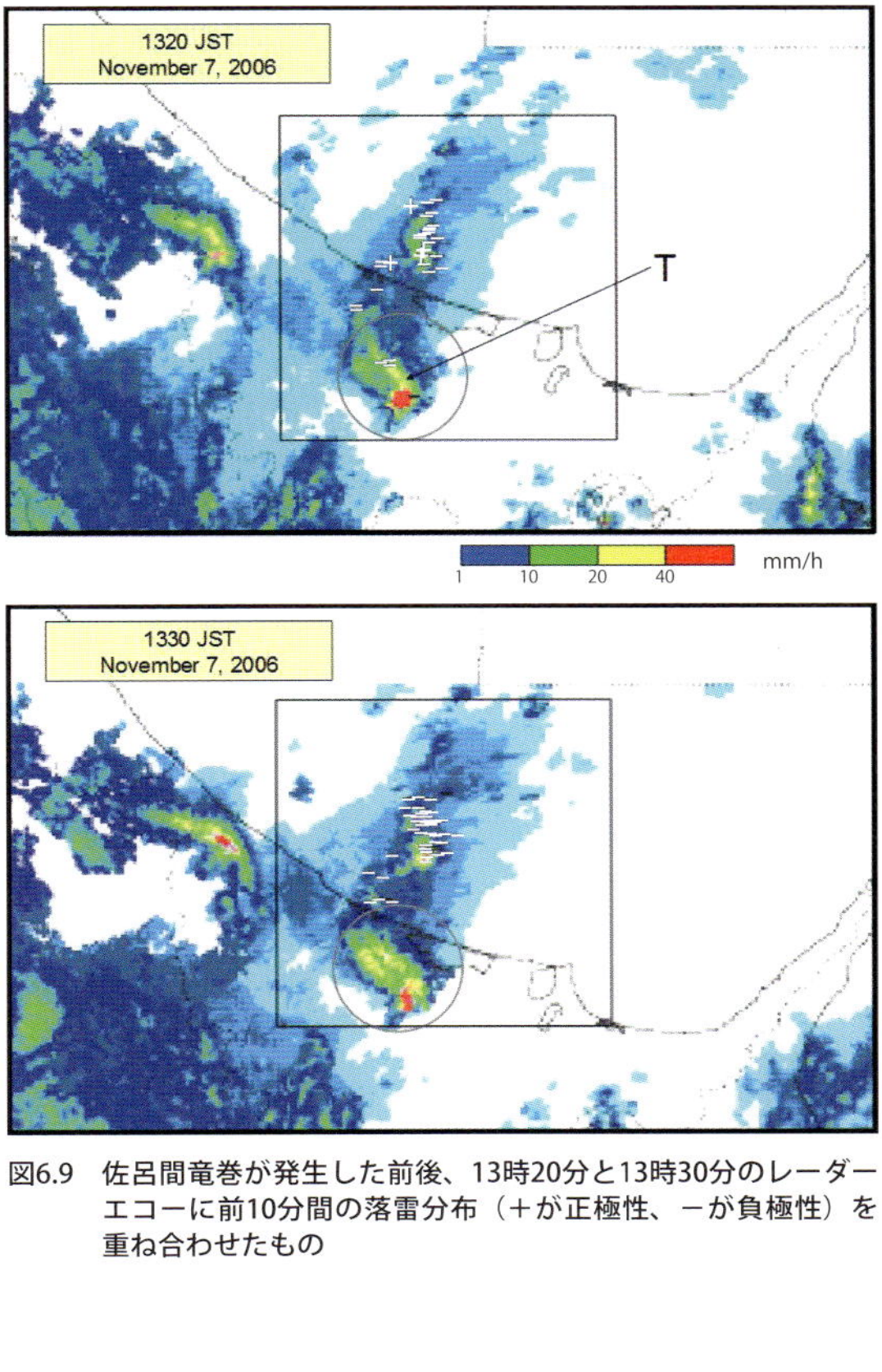

図6.9　佐呂間竜巻が発生した前後、13時20分と13時30分のレーダーエコーに前10分間の落雷分布（＋が正極性、－が負極性）を重ね合わせたもの

*メソ対流システムとしてのライフサイクルをみた場合、その発達期と最盛期後（衰弱期）に落雷が集中していたことになる。

今回の事例では寒冷前線の暖域（プレフロンタル領域）で暖候期の積乱雲同等にエコーが成長し、落雷頻度も活発でした。同様な気象状況であった、２００５年12月25日に山形県酒田市で突風（竜巻）をもたらした積乱雲に伴う落雷は1時間当たり数回という頻度でした。今回の落雷頻度は１０００回/時間を超え非常に活発であり、暖候期における積乱雲群（メソ対流システム）と同様の落雷特性でした。

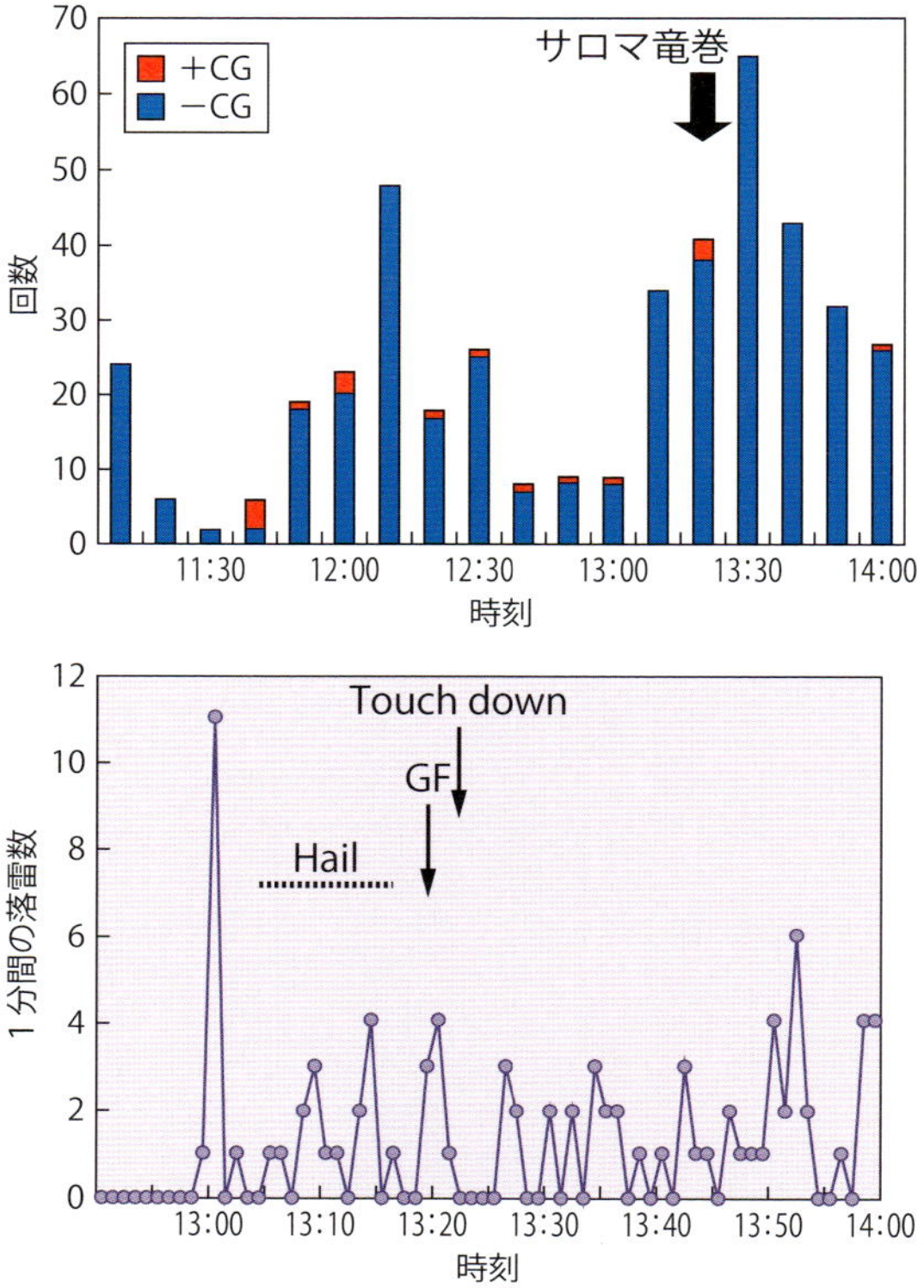

図6.10　2006年11月７日11時10分から14時までの当該エコーを囲む領域内で発生した10分間落雷頻度（上）と13時から14時までの1分間落雷頻度（下）

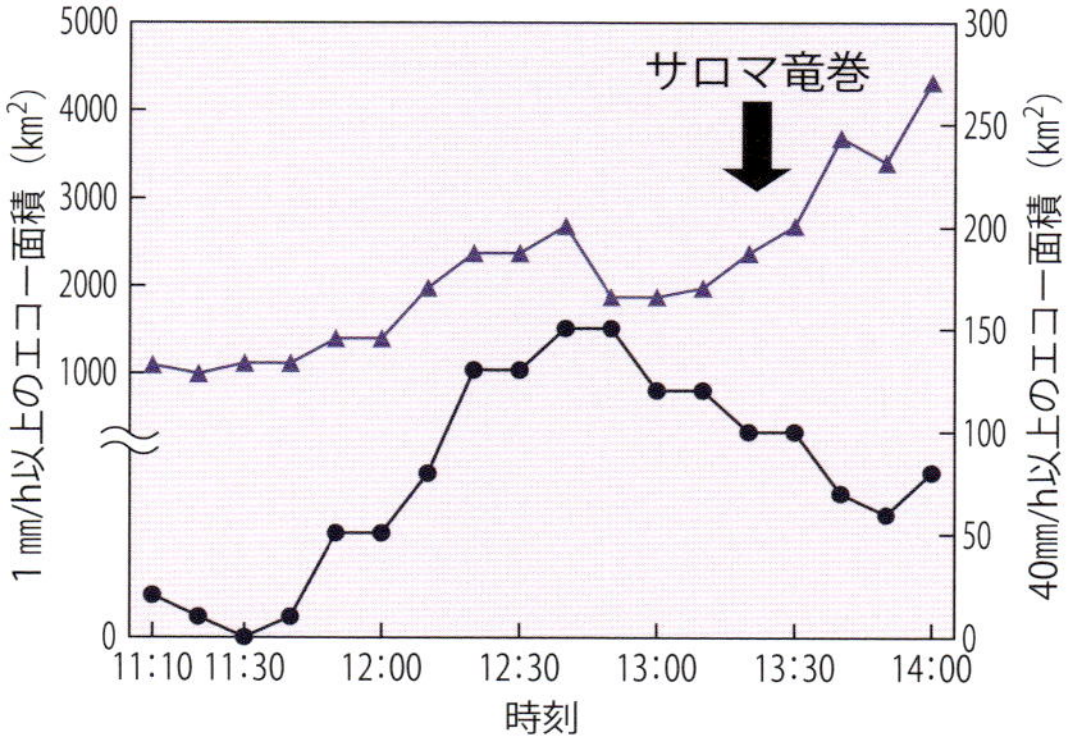

図6.11　強エコー域（40㎜/ｈ以上、●）と全エコー域（１㎜/ｈ以上、▲）の面積変化

つくば竜巻をもたらした積乱雲に伴う雷活動

２０１２年５月６日12時30分から12時50分にかけて、茨城県から栃木県にかけた広い範囲で竜巻が複数発生し、甚大な突風災害が起こりました。被害が発生した地域は、茨城県常総市からつくば市にかけて長さ約17km、栃木県真岡市から茨城県常陸大宮市にかけて長さ約31km、茨城県筑西市から桜川市の間の長さ約21kmの３カ所であり、いずれも南西から北東方向へと移動した３つの竜巻によって生じました。*

竜巻をもたらした積乱雲は、５月としては非常に発達し、これは上空の寒冷渦*と下層の暖かく湿った空気の流入という発生環境によるものでした。*竜巻をもたらした親雲である積乱雲は、レーダーエコーとして10時頃から群馬県で確認され、これらのエコーは南北のバンド状エコーの形態を有しながら北東進しました。個々のエコーはセル状を呈し、南北に並んで11時すぎから急速に発達し、南端のエコーセルは12時30分には60mm/hを超える発達したエコーとして茨城県上空で確認されました。*

落雷分布をみると、11時から14時までは、まとまった落雷域が南西から北東方向に移動したことがわかります（図６・12）。すなわち、発達した積乱雲群による落雷が集中した結果、積乱雲の移動に伴い落雷域の移動も明瞭でした。14時以降は、南西から北東方向のライン状に落雷が分布し、時間とともに落雷域は南下しました。落雷分布の極性をみると、*落雷分布は南西から北東方向にライン状にいくつも集中しており、特に北関東で集中していたことがわかります。解析領域で観測された落

＊２０１２年のつくば竜巻
拙著『竜巻』参照。

＊寒冷渦
寒気が南下すると偏西風が蛇行し、しばしば寒気を伴った渦として切り離される。この渦を寒冷渦あるいは切離低気圧（cutoff low）とよぶ。

＊竜巻をもたらした積乱雲の発生環境
当日は日本海上に低気圧が解析され、寒気を伴った寒冷渦の様相を呈していた。この低気圧に吹き込む形で、関東平野では比較的強い南風が卓越し、南関東の各地では午前中から晴れて日射が強く、気温は25℃を超えていた。横浜地方気象台において、10時に南南西の風６・４m/s、相対湿度73%が観測されたように、南風により水蒸気が輸送された結果、下層大気は非常に湿っていた。その結果、当日12時のCAPE（対流有効位置エネルギー）は２０００J/kgを超え、この時期としては大きな値を示し、活発な対流活動が予想された。実際、午前中から積乱雲の発生、発達が確認された。

＊茨城県上空で確認されたエコー
つくば上空のエコーは、湾曲した形状（フック状）を有しており、フック状のエコーパターンの中心付近にはドップラー速度場で明瞭な渦パターン（メソサイクロン）が連続して認められた。このメソサイクロンは時間的にも空間的にも地上の竜巻被害域と一致した。また、他の積乱雲も渦（メソサイクロン）を伴っていたことが確認され、多くの積乱雲が竜巻のポテンシャルを有していた。

雷数は４３０００回を超え、この時期における落雷としては非常に活発でした。正極性落雷は、負極性落雷の集中域の周辺や太平洋上や日本海側で相対的に多く観測され、正極性落雷の割合は、本解析時間、解析領域を通じた全落雷の10・5%を占め、暖候期の落雷と同程度の割合を示しました（図6・13）。レーダーエコー（図6・14）に前後5分間の落雷分布を重ね合わせてみると、12時10分から12時30分までは、強エコー域に対応して落雷も集中しましたが、12時40分以降は特に南端のエコー周辺で落雷頻度が著しく少なくなったことがわかります（図6・15）。また、落雷の

＊落雷分布の極性
「＋」は正極性落雷を、「ー」は負極性落雷を表している。

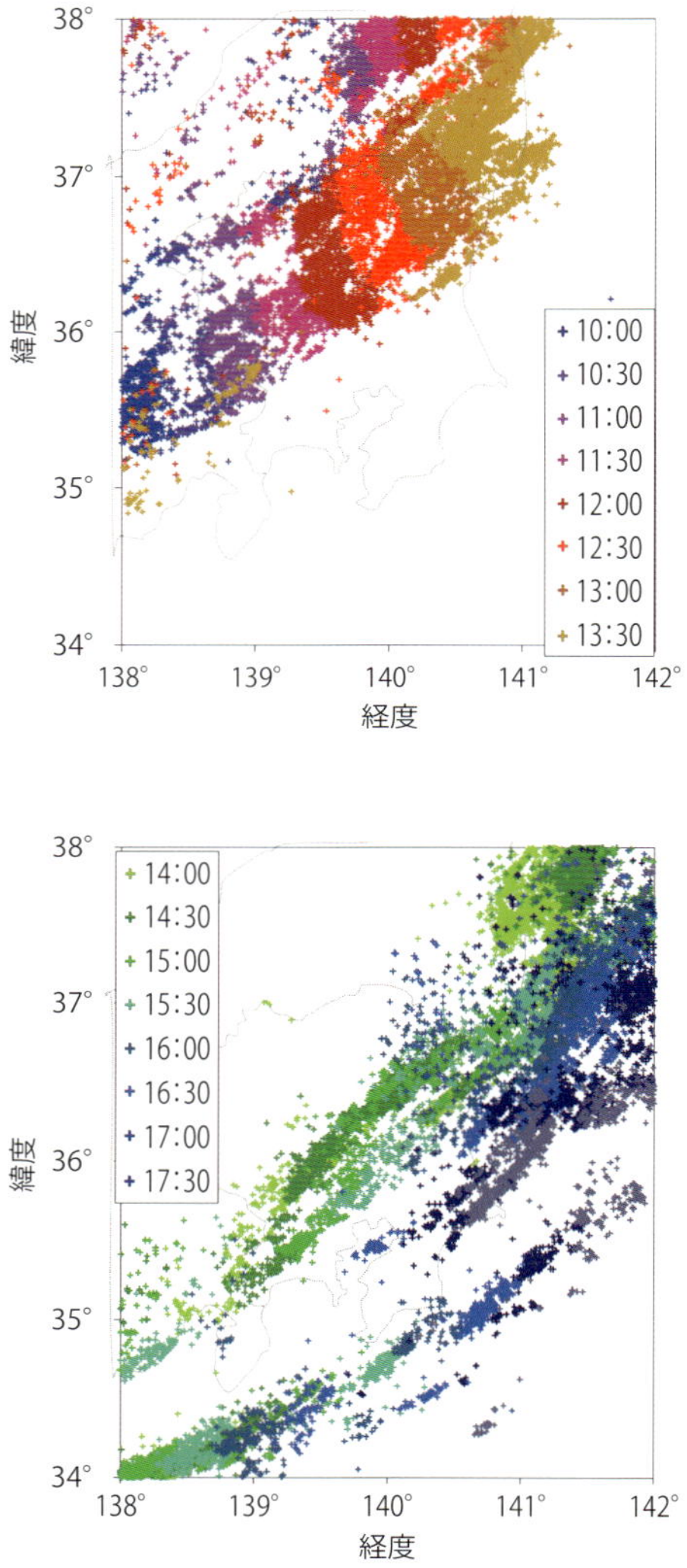

図6.12　2012年５月６日10時から18時までの30分ごとの落雷分布

極性は12時30分までは、負極性雷が大部分であったのに対して、12時40分以降は正極性雷が相対的に増加しました。

つくば竜巻をもたらしたセルA（Cell A）は、竜巻発生前に落雷のピーク（集中）が観測されました。一方、真岡市竜巻のセルC（Cell C）では、複数のエコー域で落雷のピークがみられました（図6・16）。当日観測された積乱雲セルの寿命と落雷数の関係をみると、つくば竜巻と真岡市竜巻の親雲であるセルAとセルCは、長寿命で高落雷頻度を示し、他の積乱雲とは別格であったことがわかります（図6・17）。積乱雲セルの高落雷数と竜巻がタッチダウンする前に落雷頻度のピークが存在するのは、スーパーセルに伴う落雷の特徴と考えられています。

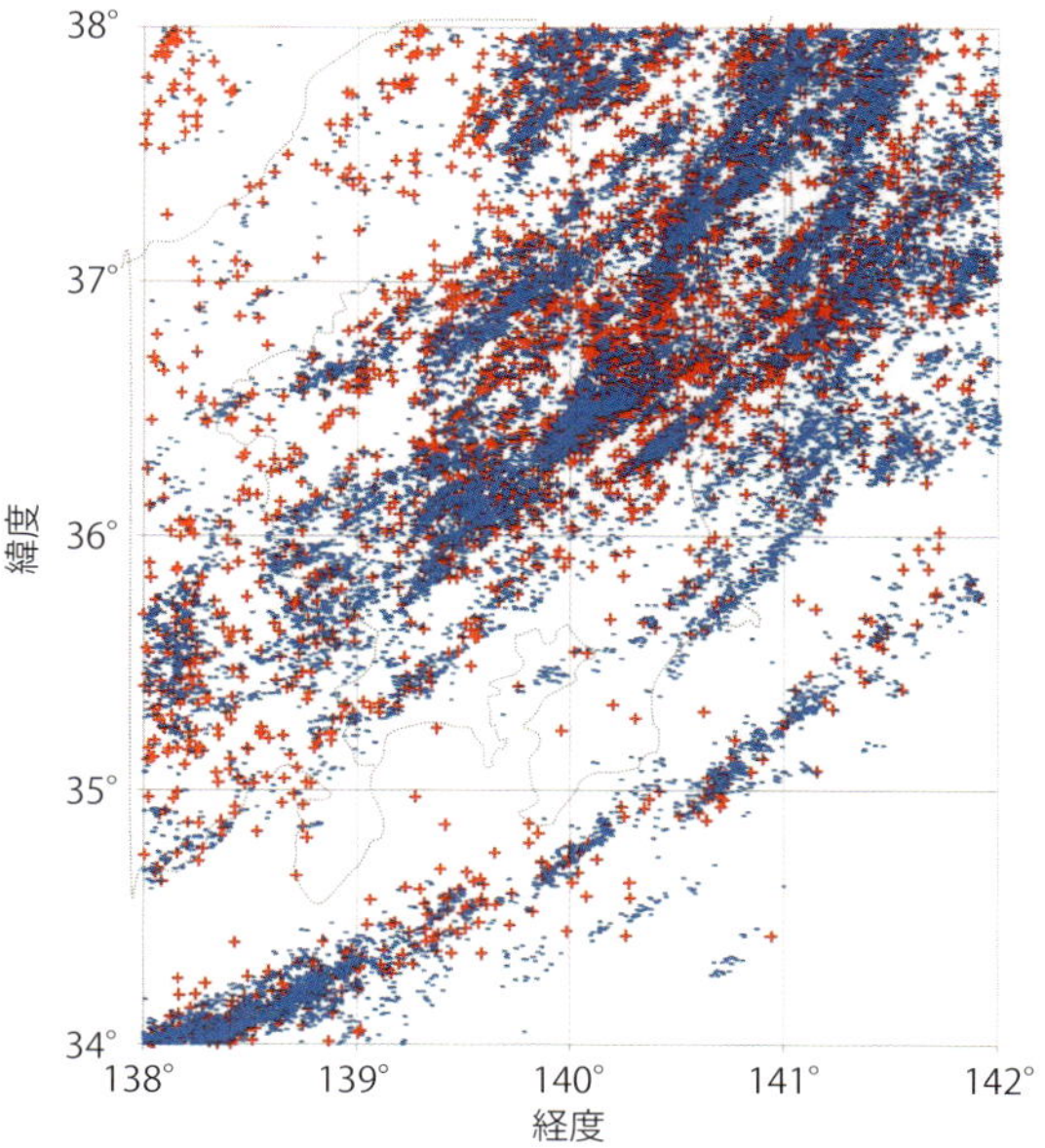

図6.13　５月６日10時から18時までの極性ごとの落雷分布（「＋」は正極性落雷、「−」は負極性落雷）

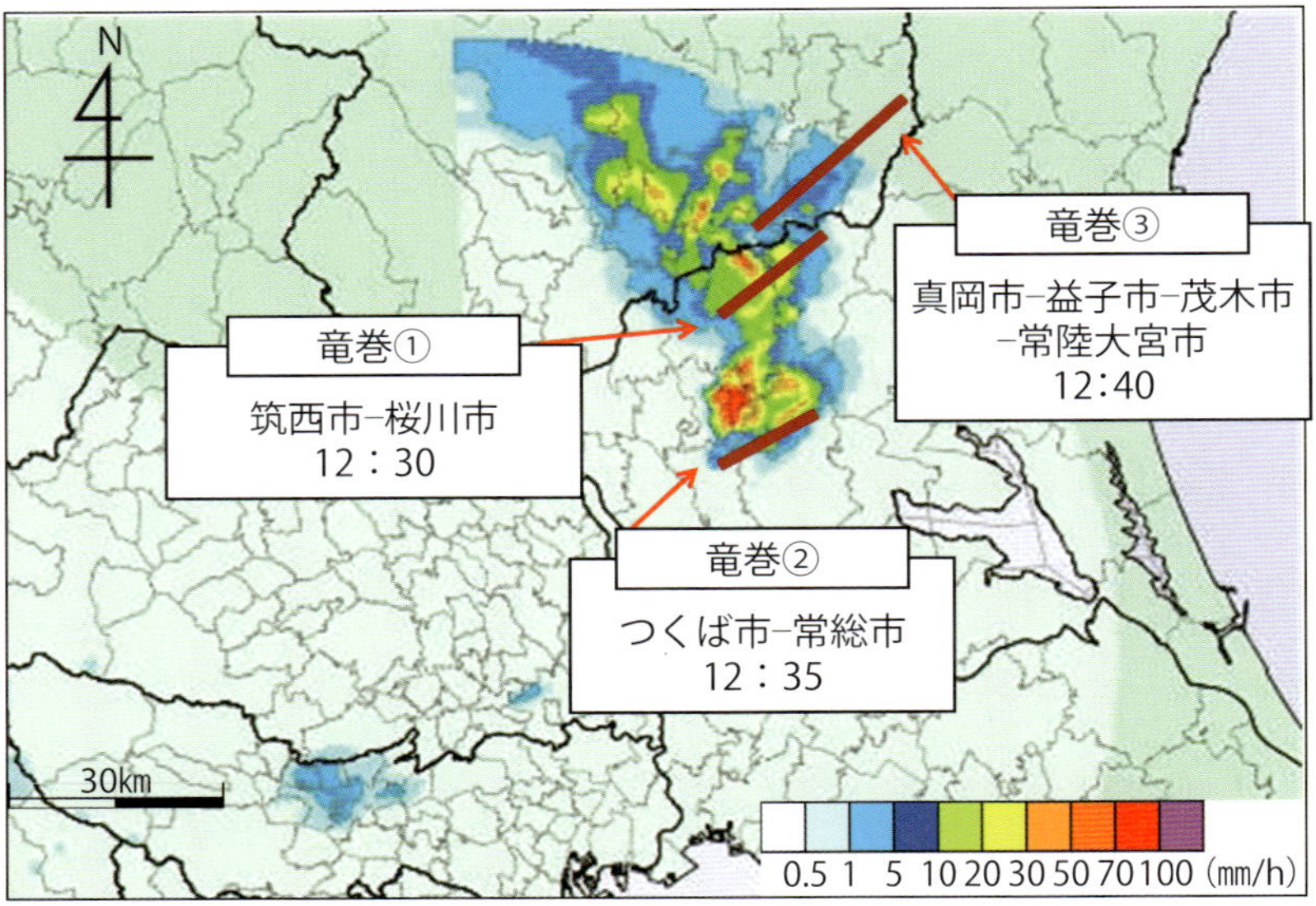

図6.14　竜巻経路とレーダーエコー

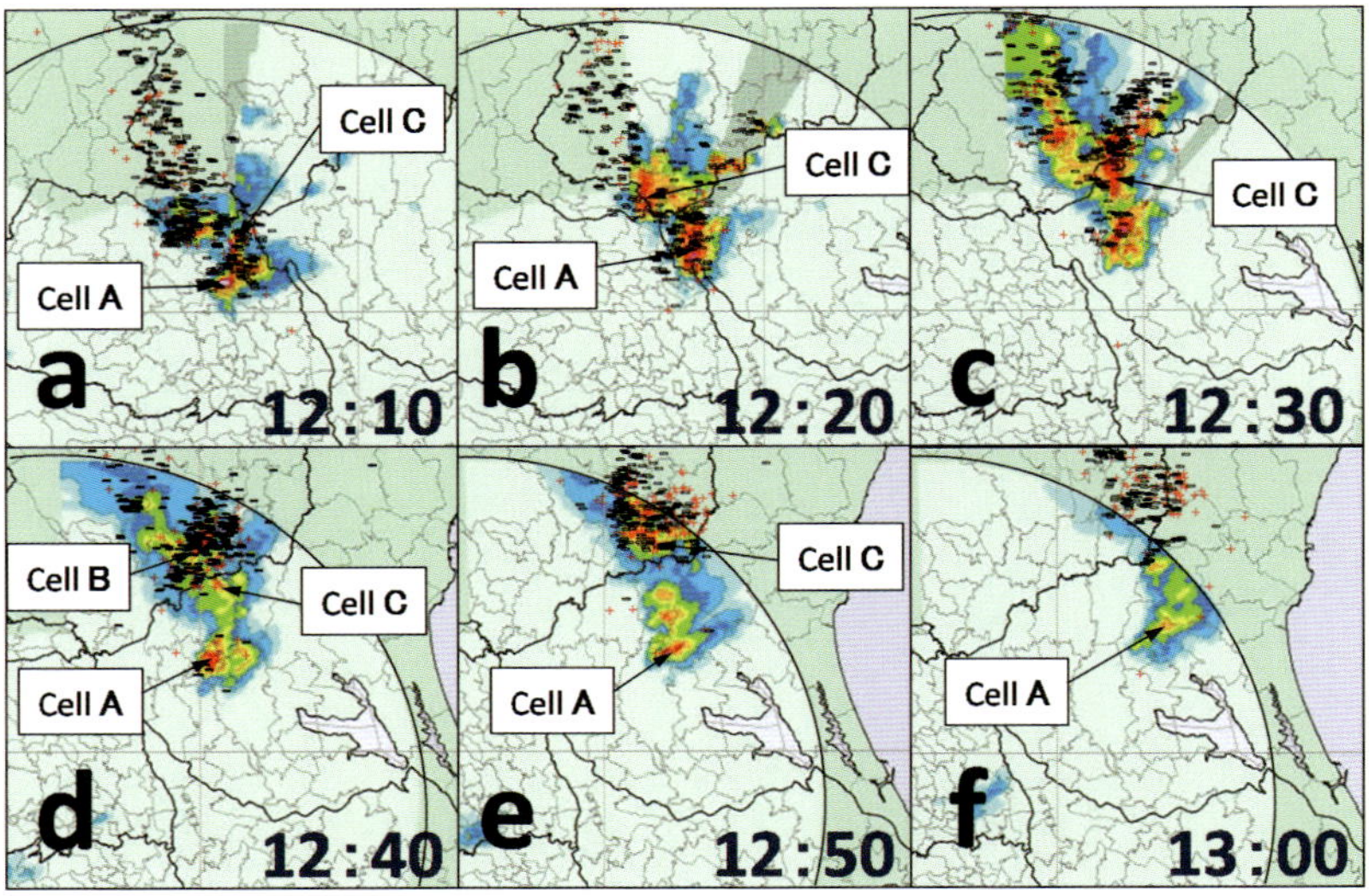

図6.15　12時10分から13時までのレーダーエコーと前後５分間の落雷分布

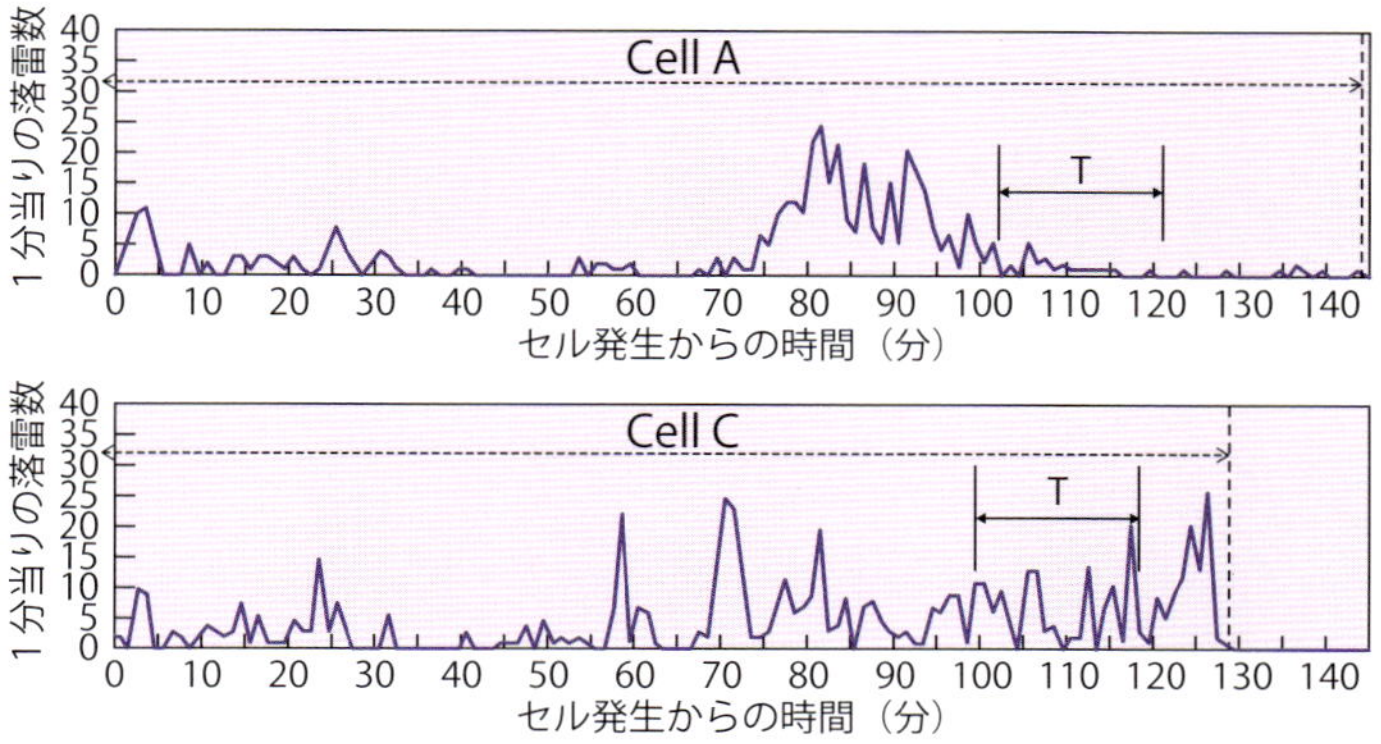

図6.16　つくば市（セルA）、真岡市（セルC）の前1分間落雷頻度

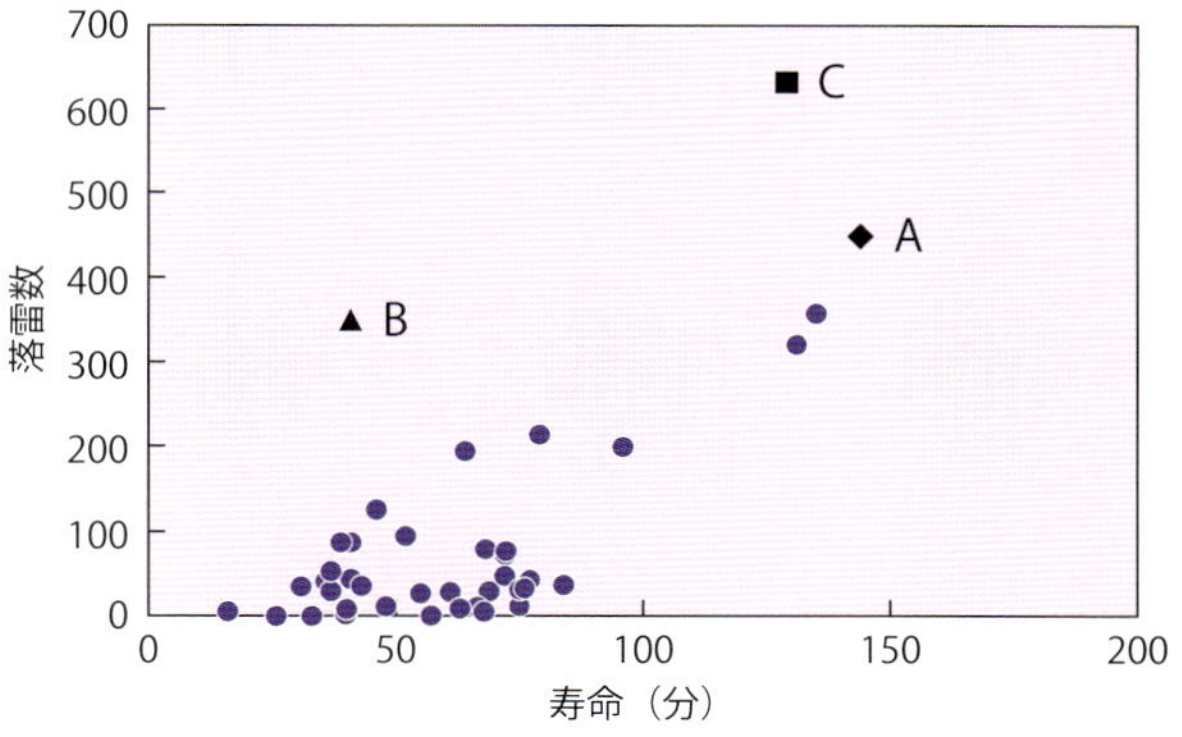

図6.17　積乱雲セルの寿命と落雷数の関係

6.3 さまざまな雷観測

レーダーと放電路の3次元表示

雷放電路そのものを捉えようとする試みが、気象レーダー開発初期段階（１９６０年代）に実施されました。* これは、雷放電に対象を絞り、かなり高速でパラボラを回転させた結果と考えられます。その後、雷放電路の観測例の報告はほとんどみられません。

１９９０年代以降は、レーダーエコー図に落雷地点を重ね合わせ、刻々と変化する雷雲の動きと落雷地点を把握することが可能になりました。近年レーダーの高速スキャン*が可能になり、さらに放電点の３次元表示*を組み合わせて、雷雲エコー内の放電路を３次元表示することが可能になりました。

「晴天」の霹靂（２０１８年8月26日の観測事例）

防災科学技術研究所で開発された雷放電経路３次元観測システム*で観測された雷放電路を紹介しましょう。

２０１８年８月26日18時すぎに関東内陸部で孤立した積乱雲が発生し、急速に発達しました。晴れていた空に忽然と現れ、ちょうど夕日を浴びてピンク色に輝く様は幻想的で、〝ラピュタ雲〟* とよばれました。積乱雲内部の雲放電、落雷とも活発であり、数十㎞離れた関東各地から雷活動を確認することができました。さらに、

＊雷放電路を捉える試み
レーダーの鉛直断面図であるＲＨＩ（Range Height Indicator）画像で放電エコーが、一定仰角画像であるPPI（Plane Position Indicator）画像で放電経路が実際に観測された。

＊レーダーの高速スキャン
フーズドアレイレーダー。

＊放電点の3次元表示
通常のＬＬＳ観測網と異なり、狭い領域で多数のアンテナを設置することで、雷の電磁波を高時間分解能で3次元的に観測し、雷放電路を把握することが可能となった。

＊3次元観測システム
２０１７年から関東平野にLightning Mapping Array（ＬＭＡ）センサー8台を設置し、落雷（ＣＧ）だけでなく雲放電（ＣＣ）の雷放電路を観測できるシステムを構築した。Ｘバンドマルチパラメータ（ＭＰ）レーダーや雲レーダー（Ｋａバンド）等の高性能レーダーネットワークの観測値と組み合わせることで、雷危険度予測高度化の開発を目指している。

＊ラピュタ雲
スタジオジブリの映画『天空の城ラピュタ』（宮崎駿監督）に登場する巨大な積乱雲。雲内は激しい雷が轟いており「竜の巣」とよばれる。

18時51分には積乱雲中央部から外側に放電路が伸びて地上に達する、珍しい落雷が観測されました。*　このような落雷が、〟雲が無いのに雷が落ちた〟、〟青空から落雷が起こった〟の正体といえます。

３次元評定された放電図をみると、この落雷の放電開始点は高度９km辺りであり、０・１秒間の現象でした（図６・18（上）の時間・高度断面図で09：51ＵＴＣ辺り。図は当該落雷を含む十数秒間の放電点を示している）。放電路は高度９kmを維持しながら５kmほど西に伸び（図６・18（左中）の東西・高度断面図）、平面的にもみても西南西方向に伸びたことが確認できます（図６・18（左下）の水平分布）。Bolt from the Blueの放電路を明らかにした貴重な観測結果といえます。現在のＬＬＳは2次元ですが、近い将来このような雷放電路の３次元表示が当たり前になることでしょう。

積乱雲の外側に伸びた放電路（Bolt from the Blue）
（写真提供：音羽電機工業株式会社／小林正明［第16回雷写真コンテスト学術賞　かなとこ雲を従えて］）

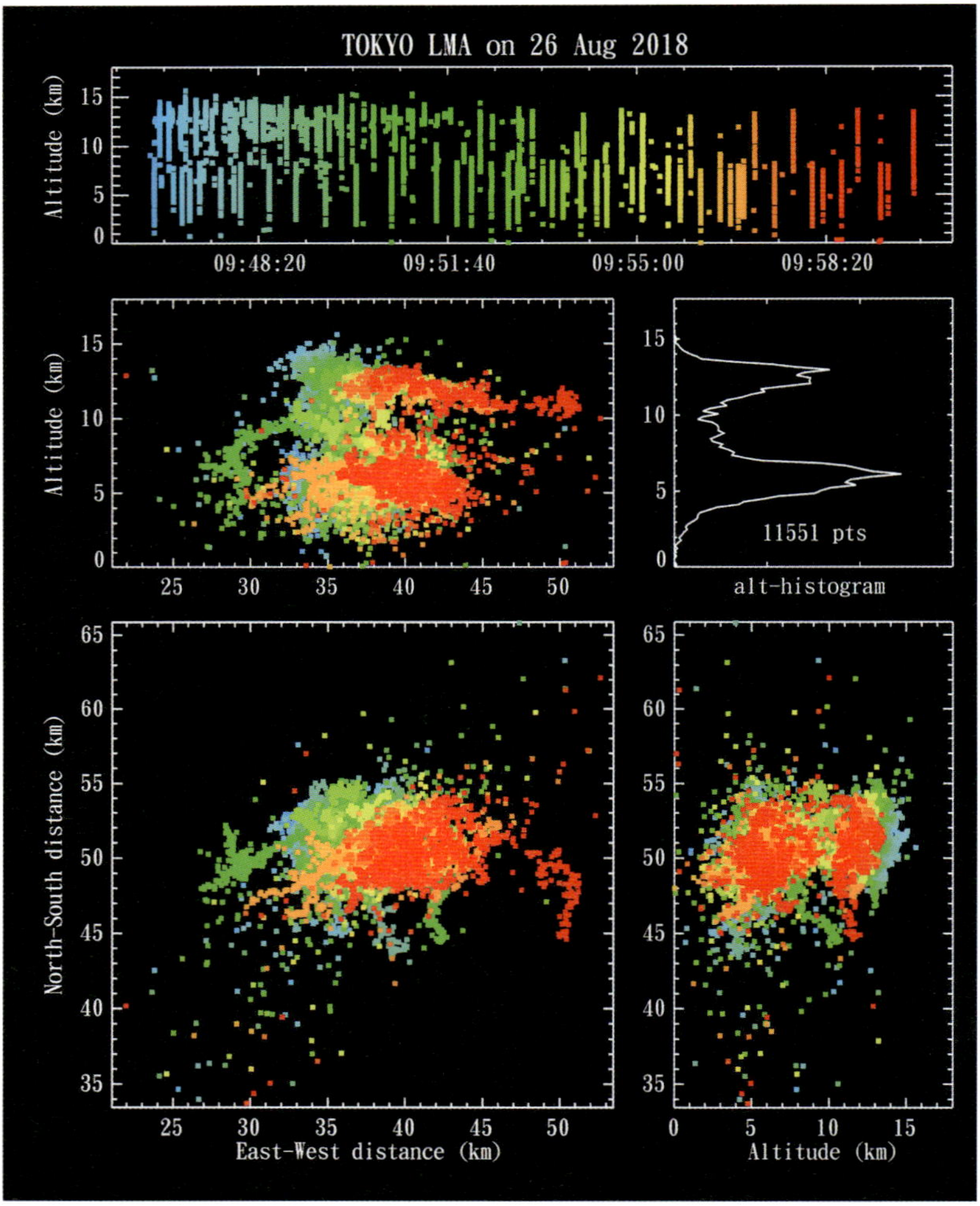

図6.18　雷放電経路３次元観測システムで観測された2018年８月26日18時51分の落雷（BFB）を含む放電点の３次元表示。（上）放電路の時間・高度断面図、（右中）放電点のヒストグラム、（左中）東西・高度断面図、（右下）南北・高度断面図、（左下）水平分布（櫻井南海子博士提供）

ロケット誘雷

避雷針が最も普及している誘雷技術ですが、さまざまな誘雷方法が試みられています。古くは凧（フランクリンの実験と原理は同じ）や気球に電線を付けて放球する方法が試みられました。１９６０年代にロケットに電線を繋げ打ち上げ、誘雷する方法（ロケット誘雷）がフランスで初めて成功し、日本でも１９７０年代に冬季雷を対象にした実験が成功し、現在までロケット誘雷実験は継続されています（図６・19）。１９９０年代に入ると、レーザー誘雷の研究が盛んになりました。* これはレーザー光の技術が向上したことが背景にあり、強力なレーザーを雷雲に向けて発射し、落雷の通り道であるプラズマを発生させ、放電路を誘導するのが目的です（図６・20）。すでに世界中のいくつかの研究機関で、レーザー誘雷実験は成功しており、実用化が期待されています。

＊観測された珍しい落雷
雷撃地点近くの人からみると、青空から突然雷撃が襲ってくることになり、まさに青天の霹靂といえる。学術的にはBolt from the Blue（BFB）とよばれている。

＊雷動画④　ラピュタ雲
２０１８年８月26日18時39分、練馬区で撮影。

＊雷動画⑤　放電経路３次元システムによる落雷観測
２０１８年８月26日に発生したラピュタ雲の18時51分の落雷観測。（提供：防災科学技術研究所　櫻井南海子）

＊レーザー誘電の研究
わが国では第二次世界大戦中に兵器開発の一環で、紫外線を照射して雷を誘導する研究が行われたが、電磁波を放射させるという発想の先駆けといえる。

6.4 最新の雷像（積乱雲からのスプライト）

これまで落雷は雲から地面への放電現象と考えられてきましたが、発達した積乱雲の雲頂から上向きに放電が起こることが、１９８９年に積乱雲上空の発光現象が観測的に確認されました。それ以来、航空機による直接観測、スペースシャトルな

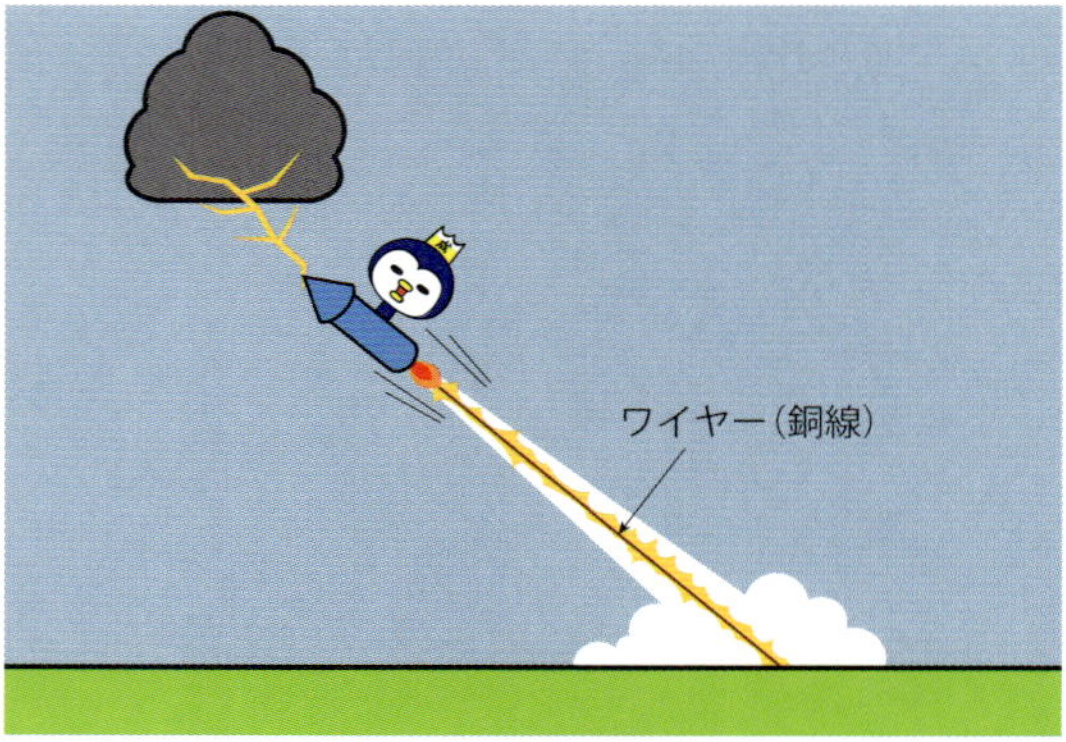

図6.19　ロケット誘雷の原理

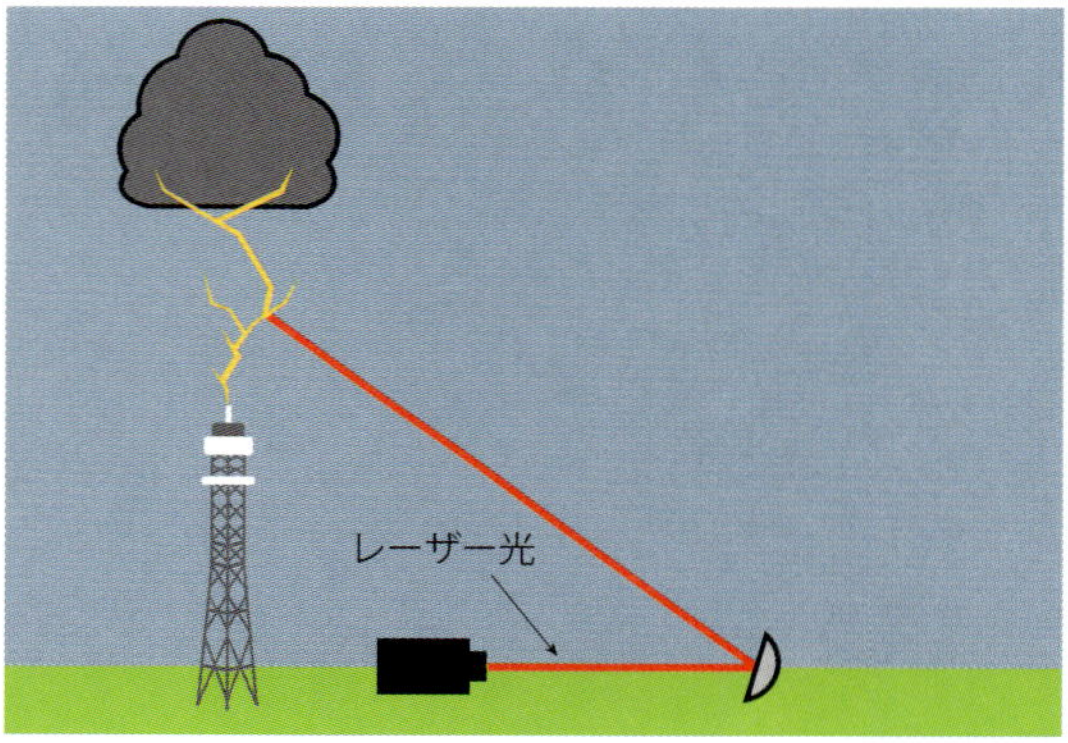

図6.20　レーザー誘雷の原理

ど宇宙からの観測、地上の複数地点からの同時観測など、精力的に観測が続けられ、対流圏の上部*にわたる、さまざまな形態の発光現象がわかってきました。理論的には、雷雲の上部から放電が起こりうることは指摘されていましたが*、高度10㎞を超える積乱雲の雲頂からさらに高高度の大気圏への放電は、超高層雷放電*とよばれるようになり、ひとつの学問分野として研究が続けられています。

最初に発見された発光現象は、高度50～80㎞の中間圏で赤色に発光したために、赤い（レッド）妖精（スプライト）で、「レッドスプライト*」と名付けられました。一方、成層圏上部で細長く、青く発光するものは、「ブルージェット」とよばれました。レッドスプライトの形態は千差万別で、形状によって、「にんじん状」、「柱状」、「くらげ型」など名前が付けられ、発光時間は、数秒程度です。現在高性能のカメラを用いて世界中で観測され、日本上空でも多くの観測事例が報告されています。

現在判明しているスプライトの種類は次のようなものがあります。

⚡レッドスプライト（red sprite）
高度50～80㎞の中間圏付近で観測される赤色の発光現象。

⚡エルヴス（elves）
中間圏上部から熱圏下部で観測される、水平に広がる発光現象。

⚡ブルージェット（blue jet）
成層圏上部で観測される青色の発光現象。雷雲上部から細長く上向きに伸び

＊対流圏の上部
高度10～50㎞の成層圏、50～80㎞の中間圏、80～100㎞の熱圏。

＊雷雲の上部の放電
大気圏全体の電荷分布や電気の流れ（グローバルサーキット）を説明するためには、下部大気圏から上方への電荷の移動が必要であったが、その具体的なプロセスは不明であった。

＊超高層雷放電
高高度放電・発光現象、あるいは中間圏発光現象などともいわれる。

＊レッドスプライト
現在でもこれら発光現象を総称してスプライトとよぶのは、このような経緯がある。

る。積乱雲上部でみられる発光はブルージェットのことが多い。

⚡ブルースターター（blue starter）

ブルージェットに先立ち下部成層圏に現れる発光。

⚡巨大ジェット（gigantic jet）

成層圏から中間圏に伸びる巨大なジェット。

雷放電に伴い、電磁波放射が発生して大気圏上部の電離層における大気電場・磁場を乱すことがわかってきました。この中でも、最も波長の短いガンマ線放射（gamma-ray flash）は、「ガンマ線バースト（gamma-ray burst）」とよばれており、雷放電で生成されたガンマ線の直接観測にも成功しています。（図6・21）

スプライト
（写真提供：音羽電機工業株式会社／伊東耕二［第4回雷写真コンテスト学術賞　雷光とスプライト／茨城県沖-1（モノクロ）］）

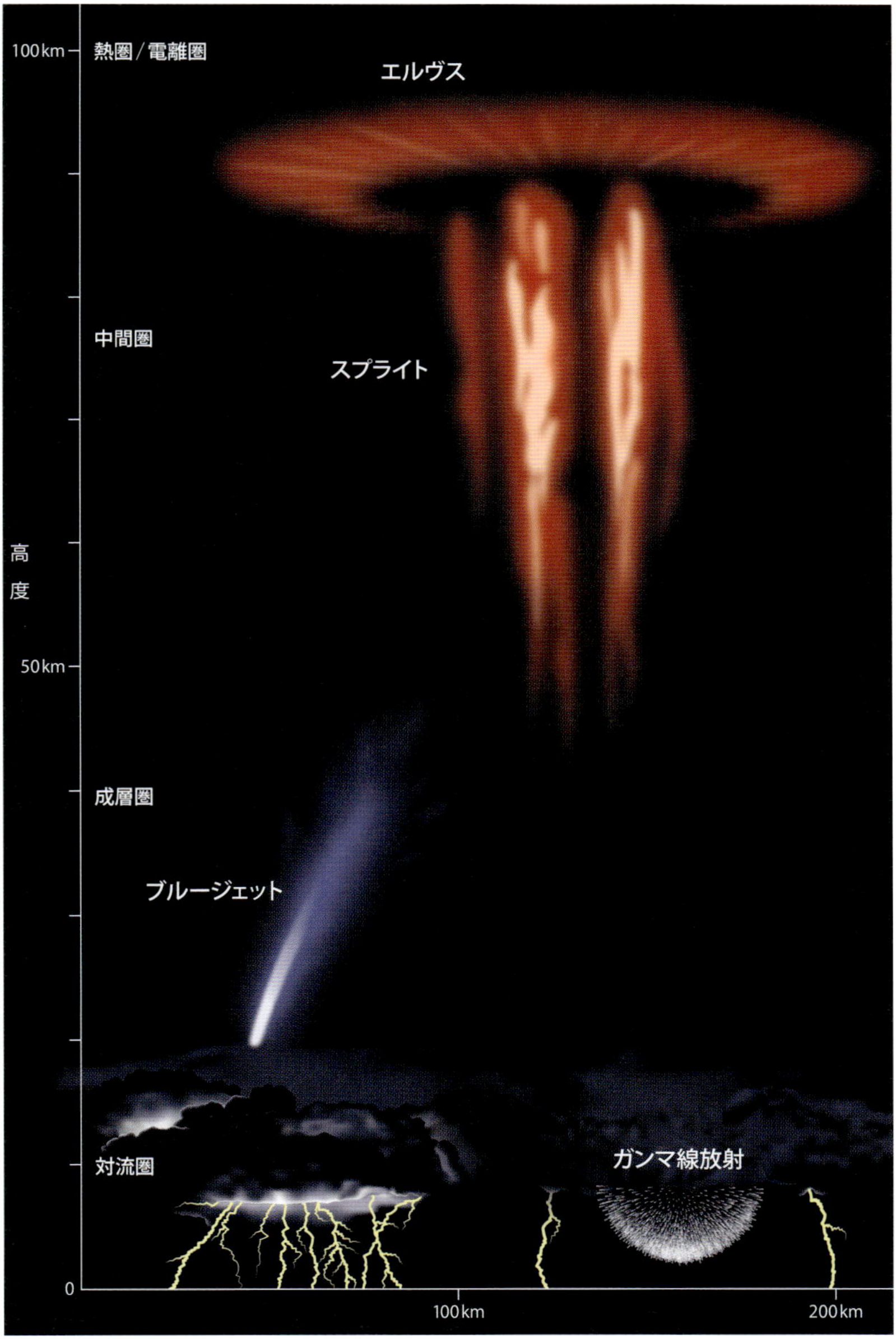

図6.21　新しい積乱雲からの放電現象概念図

コラム⑪　気候変動と雷活動

温暖化が進むと、気温の上昇に伴い大気中に含み得る水蒸気の量も増加します。1℃の上昇でも雨量としては数％の増加につながります。地表面や海面温度が上昇すると、上昇気流も強まり、積乱雲の発達も促され、雷雲も増加するでしょう。日本では明治時代から雷日数を観測してきましたが、70年間で冬の雷日数は約3倍に増加しています。温暖化によって、寒気と暖気のぶつかり合いが強まる、海面温度が上昇することで低気圧の発達が強まった結果と推測されます。実際初冬から春先にかけて、急速に発達する〝爆弾低気圧〟がしばしば観測されています。図6・22は温暖化の効果を明確に実証的に示した結果といえます。雨量や風速値、積乱雲や竜巻の数を世界規模で定量的に観測することは容易ではありません。落雷に関しては、地上のＬＬＳシステムや衛星観測で全球マップを作成できるようになりつつありますから、今後温暖化を検証する最も有効なパラメータになるのです。

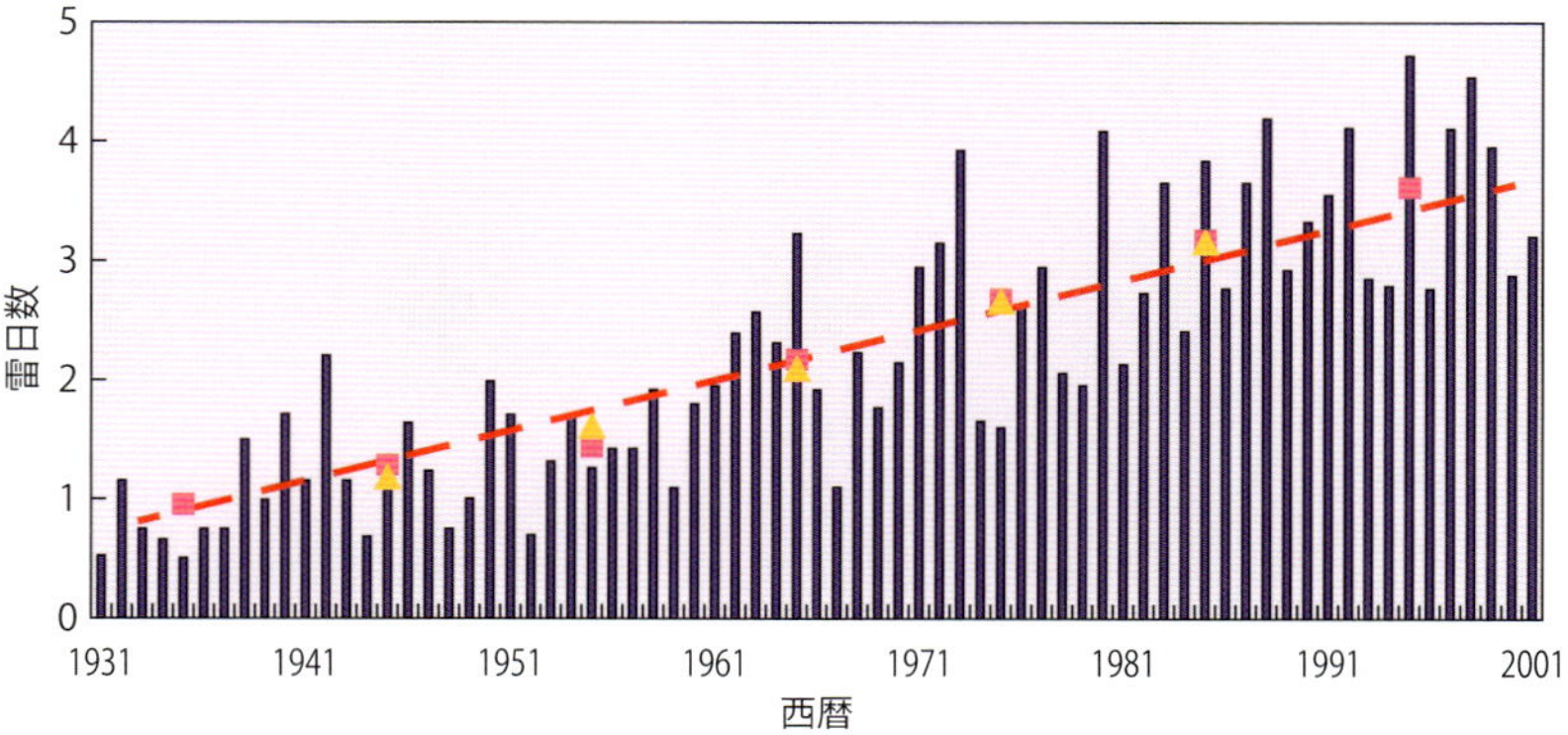

図6.22　冬季雷日数の経年変化（温暖化）
▲（黄色）は30年平均値（前後15年）、■（ピンク）は10年平均値（前後５年）を示す

おわりに

竜巻3部作でひと仕事を終えた感に浸っておりましたが、幸い続きがあるとのお話を受け、第4弾の発刊に至りました。１９９０年代の10年間、毎冬北陸で雷観測を行ったこと、大気電気学会会長として啓発活動を行ったこと、先輩の研究者方が取り組んできた研究に思いをはせながら、筆を進めました。

今回「雷写真コンテスト」の写真を随所に掲載させて頂きました。特に本文に関連した写真を選びましたが、いずれも学術的に貴重な写真です。コンテストを主催している音羽電機工業株式会社、応募者の皆さまにお礼申し上げます。また、櫻井南海子博士（防災科学技術研究所）から雷３次元放電路の観測結果を、松井倫弘氏（フランクリン・ジャパン）からＬＬＳアンテナの写真を提供して頂きました。図面作成に当たって、佐藤光輝博士（北海道大学）からご助言を頂き、日本無線株式会社、株式会社フランクリン・ジャパンからデータ、図面の提供を頂きました。他にも、貴重な動画を拙著のために提供頂きました。雷観測研究時にお世話になった、共同研究者、地元の方々、研究室の学生の皆さんに改めて謝意を表します。

内容は既刊に比べて、カラー図面やイラストの作成にさらに力を入れて頂きました。また、今回初めて動画の掲載にも挑戦しました。本稿を上梓するにあたり、成山堂書店の小川典子社長をはじめスタッフの皆さんのお世話になりました。紙面を借りてお礼申し上げます。

２０２０年５月　**著者**

参考文献

Bluestein, H. B., and M. H. Jain, 1985: Formation of Mesoscale Lines of Precipitation: Severe Squall Lines in Oklahoma during the Spring, J. Atmos. Sci., 42, 1711–1732.

Browning, K. A., and G. B. Foote, 1976: Airflow and Hail Growth in Supercell Storms and Some Implication for Hail Suppression, Quart. J. Roy. Met. Soc., 102, 499–533.

石原正二，田畑明，1996：降水コアの降下によるダウンバーストの検出，天気，43，215-226.

小林文明，NHKそなえる防災HP「落雷・突風」

小林文明，2014：竜巻　メカニズム・被害・身の守り方，成山堂書店，151pp.

小林文明，2015：ファーストエコー，天気，62，539–540.

小林文明（監訳），2015：スーパーセル，国書刊行会，192pp.

小林文明，2016：ダウンバースト　発見・メカニズム・予測，成山堂書店，135pp.

小林文明，2018：積乱雲　都市型豪雨はなぜ発生する？，成山堂書店，148pp.

Kobayashi, F., and N. Inatomi, 2003: First Radar Echo Formation of Summer Thunderclouds in Southern Kanto, Japan, J. Atmos. Electr., 23, 9–19.

Kobayashi, F, A, Katsura, Y, Saito, T, Takamura, T, Takano and D, Abe, 2012: Growing Speed of Cumulonimbus Turrets, J. Atmos. Electr., 32, 13–23.

小林文明，道本光一郎，長田正嗣，長屋勝博，若井武夫，1993：気象レーダーによる冬季雷の短時間予測の可能性（第3報），電気学会放電・高電圧合同研究会，ED-93-117, HV-93-25, 7–16.

小林文明，道本光一郎，長田正嗣，長屋勝博，若井武夫，1994：気象レーダーによる冬季雷の短時間予測の可能性（第4報），電気学会放電・高電圧合同研究会，ED-94-96, HV-94-55, 17–26.

小林文明，内藤玄一，道本光一郎，1992：冬季日本海上の降雪雲に伴って発生した竜巻　―1991年12月11日金沢市の突風災害―，第12回風工学シンポジウム論文集，55–60.

Kobayashi, F., G. Naito, T. Wakai and T. Shindo, 1994: The Role of the Lower Atmospheric Condition to Development of Winter Thunderclouds in the Japan Sea Coast. J. Atmos. Electr., 14, 31–40.

小林文明，佐藤英一，野田稔，友清衣利子，佐々浩司，岩下久人，長尾文明，ガヴァンスキ江梨，竹内崇，堤拓哉，大憧勝利，高橋弘樹，高森浩治，森山英樹，吉田昭仁，2019：台風1821号（JEBI）がもたらした広域強風災害について，日本風工学会誌，44，44–53.

小林文明，佐藤英一，友清衣利子，野田稔，ガヴァンスキ江梨，高舘祐貴，高森浩治，木村吉郎，中藤誠二，森山英樹，鈴木覚，重永永年，服部力，松井正宏，岩下久人，2020：台風1915号（FAXAI）がもたらした強風災害について，日本風工学会誌，45，30–39.

小林文明，紫村孝嗣，川本温子，羽田利博，酒井勉，2001：ドップラーレーダーを用いた冬季雷雲の短時間予測法，電気学会・放電・高電圧・開閉保護合同研究会，ED-01-182, SP-01-27, HV-01-81, 19–24.

Kobayashi, F., T. Shimura, H. Kawamoto, A. Wada and K. Shinjo, 2006: Characteristics of Winter Thunderclouds and Possibility of Nowcasting using a Doppler radar, Proceedings of 28th International Conference on Lightning Protection (ICLP), 132–135.

Kobayashi, F., T. Shimura and K. Masuda, 2007: Aircraft Triggered Lightning Caused by Winter Thunderclouds in the Hokuriku Coast, Japan -A Case Study of a Lightning Strike to Aircraft below the Cloud Base-, SOLA, 3, 109–112.

小林文明，紫村孝嗣，道本光一郎，長屋勝博，酒井勉，1995：レーダーエコーから見た冬季雷雲の発達と落雷特性，電気学会放電・高電圧合同研究会，ED-95-172, HV-95-43, 25–34.

小林文明，紫村孝嗣，和田淳，長屋勝博，長田正嗣，酒井勉，1996：大電流雷撃（スーパーボルト）をもたらした冬季雷雲の事例解析，電気学会放電・高電圧合同研究会，ED-96-207,

HV-96-107, 201–209.
Kobayashi, F., T. Shimura, A. Wada and T. Sakai, 1996: Lightning Activities of Winter Thundercloud Systems around the Hokuriku Coast of Japan, Proceedings of 10th International Conference on Atmospheric Electricity (ICAE), 560–563.
Kobayashi, F., T. Shimura, A. Wada and K. Shinjo, 2006: Radar Echo Structures of Winter Thundercloud with Large Lightning Current Observed at Hokuriku Coast, Japan, J. Atmos. Electr., 26, 95–104.
Kobayashi, F., and Y. Sugawara, 2009: Cloud-to-Ground Lightning Characteristics of the Tornadic Storm over Hokkaido on November 7, 2006, J. Atmos. Electr., 29, 1–12.
Kobayashi, F., H. Sugawara, Y. Ogawa, M. Kanda and K. Ishii, 2007: Cumulonimbus Generation in Tokyo Metropolitan Area during Mid- summer Days, J. Atmos. Electr., 27, 41–52.
Kobayashi, F., Y. Sugimoto, T. Suzuki, T. Maesaka and Q. Moteki, 2007: Doppler Radar Observation of a Tornado Generated over the Japan Sea Coast during a Cold Air Outbreak, J. Meteor. Soc. Japan, 85, 321–334.
小林文明，髙木みゆき，金井紀江，2019：台風21号に伴う突風と落雷の空間分布，「平成30年台風21号による強風・高潮災害の総合研究」，平成30年度科学研究費・特別促進費研究成果報告書，1-37-42.
Kobayashi, F, T, Takano and T, Takamura, 2011: Isolated Cumulonimbus Initiation Observed by 95-GHz FM-CW Radar, X-band Radar, and Photogrammetry in the Kanto Region, Japan, SOLA, 7, 125–128.
Kobayashi, F., and M. Yamaji, 2013: Cloud-to-Ground Lightning Features of Tornadic Storms Occurred in Kanto, Japan, on May 6, 2012, Journal of Disaster Research, 8, 1071–1077.
小林文明，吉崎正憲，柴垣佳明，橋口浩之，手柴充博，村上正隆，2003：「冬季日本海メソ対流系観測－2002（WMO-02）」の速報，天気，50，385-391.
Madddox, R. A., 1980: Mesoscale Convective Complexes, Bull. Amer. Meteor. Soc., 61, 1374–1387.
McGoman, D. R. and W. D. Rust, 1998: The Electrical Nature of Storms, Oxford University Press, 422pp.
日本大気電気学会編，2003：大気電気学概論，コロナ社，237pp.
日本大気電気学会編，2001：雷から身を守るには—安全対策Q&A—改訂版，56pp.
奥山和彦，田口晶彦，小倉義光，1999：SAFIRで観測した関東地方の雷について，気象研究ノート，193，29-36.
大内和夫（編），小林文明（共著），2017：レーダの基礎—探査レーダから合成開口レーダまで—，コロナ社，273pp.
Sato, M., 2004: Global Lightning and Sprite Activities and their Solar Activity Dependences, Doctor Thesis, Tohoku University.
紫村孝嗣，小林文明，道本光一郎，長屋勝博，酒井勉，1996：ドップラーレーダーによる航空機被雷に関する研究，電気学会放電・高電圧合同研究会，ED-96-187, HV-96-87, 9-16.
紫村孝嗣，小林文明，酒井勉，1998：冬季北陸地方における気象擾乱別の落雷分布電気学会放電・高電圧合同研究会，ED-98-143, HV-98-87, 19-24.
紫村孝嗣，小林文明，和田淳，酒井勉，長屋勝博，1997：大電流雷撃時（スーパーボルト）の冬季雷雲の構造，電気学会放電・高電圧合同研究会資料，ED-97-123, HV-97-107, 33-38.
Suzuki, T., F. Kobayashi, T. Shimura, T. Miyazaki, T. Hirai and K. Nagaya, 2000: Generation of Summer Thunderclouds in the Northern Kanto Area, Japan. Part1: First Echo Generation, J. Atmos. Electr., 20, 29–40.
Ushio, T., S. Heckman, H. Christian and Z-I. Kawasaki, 2003: Vertical Development of Lightning Activity Observed by the LDAR System: Lightning Bubbles, J. Appl. Meteor., 42,165–174.
吉崎正憲，1996：雷雨の発生環境について，天気，43，734-738.

索引

欧文

Bolt from the Blue（BFB）……117, 119
bright band（ブライトバンド）……85
CAPE（対流有効位置エネルギー）……88
CC（雲放電）……78
CCバブル……86
CG initiation……81
CG（対地雷撃）……78
cloud cluster（クラウドクラスター）……86
dBZ……84
downburst（ダウンバースト）……92
first echo（ファーストエコー）……84
ground flash（落雷）……76
gust front（ガストフロント）……92
Hailstorm（ヘイルストーム）……92
hook echo（フックエコー）……90
hydrometeor（大気水象）……78
IC（雲内放電）……78
ice crystal（氷晶）……77
LIDEN（ライデン）……101
LLP……99
LLS（Lightning Location System：落雷位置評定システム）……98
LPATS……98
mesocyclone（メソサイクロン）……90
ms（ミリセカンド）……25
multi-cell（マルチセル）……90
positive ground flash（正極性落雷）……76
SAFIR……99
shelf cloud（棚雲）……93
snow crystal（雪結晶）……77
snow flake（雪片）……77
Supercell（スーパーセル）……89
supercooling（過冷却）……77

ま行

や行

ら行

著者略歴

小林 文明　こばやし ふみあき

生年月日：1961年11月３日

最終学歴：北海道大学大学院理学研究科地球物理学専攻博士後期課程修了

学位：理学博士

経歴：
防衛大学校地球科学科助手、同講師、同准教授を経て現在、防衛大学校地球海洋学科教授
千葉大学環境リモートセンシング研究センター客員教授（H23～H24）
日本大気電気学会会長（H25～H26）、日本風工学会理事

専門：
メソ気象学、レーダー気象学、大気電気学、研究対象は積乱雲および積乱雲に伴う雨、風、雷

著書：
『Environment Disaster Linkages』（EMERALD GROUP PUB）、『大気電気学概論』（コロナ社）、『竜巻―メカニズム・被害・身の守り方―』（成山堂書店）、『スーパーセル』（監訳、国書刊行会）、『ダウンバースト―発見・メカニズム・予測―』（成山堂書店）、『レーダの基礎』（コロナ社）、『積乱雲―都市型豪雨はなぜ発生する？―』（成山堂書店）

雷《かみなり》　改訂増補版

定価はカバーに表示してあります。

2020年 6 月28日　初版発行
2024年11月28日　改訂増補初版発行

著　者　小林　文明
発行者　小川　啓人
印　刷　勝美印刷株式会社
製　本　東京美術紙工協業組合

発行所 株式会社 成山堂書店
〒160-0012　東京都新宿区南元町４番51　成山堂ビル
TEL：03(3357)5861　　Fax：03(3357)5867
URL　https://www.seizando.co.jp
落丁・乱丁本はお取り換えいたしますので、小社営業チーム宛にお送りください。

ISBN978-4-425-51472-4

成山堂書店の図書案内

小林教授が解説する極端気象シリーズ

第２弾

ダウンバースト
発見
メカニズム
予測
小林文明 著
いつもと違う積乱雲に要注意！
竜巻研究の第一人者が解説するダウンバーストの実態
成山堂書店

ダウンバースト
発見・メカニズム・予測

謎の強風
「ダウンバースト」
とは！？

小林文明 著
A5判　152頁　定価 本体1, 980円（税込）

ダウンバーストの発見から最近の研究で明かされた知見までを、災害事例や遭遇時の退避行動を盛り込みながら解説。2016 年から用いられるようになった日本版 EF スケールも把握できる！

第３弾

積乱雲
都市型豪雨はなぜ発生する？
小林文明 著
積乱雲が湧くのはなぜ？
都市型豪雨をもたらす都市型積乱雲の謎にせまる！
成山堂書店

積乱雲
都市型豪雨はなぜ発生する？

激しい豪雨が
増加しているのはなぜ？
と思ったあなたに！

小林文明 著
A5判　160頁　定価 本体1, 980円（税込）

積乱雲はなぜ激しい豪雨や突風をもたらすのか。積乱雲の発生から発達、衰退までの過程を考察し、その構造にせまる。また、近年増加傾向にある豪雨災害について、具体的な事例をもとに豪雨のメカニズムから身の守り方までを解説。

第５弾

新訂 竜巻
メカニズム・被害・身の守り方
小林文明 著
竜巻の恐さを知っていますか？
日本で発生する竜巻の実態にせまる！
成山堂書店

新訂　竜巻
メカニズム・被害・身の守り方

最新の研究成果が
盛りだくさん！

小林文明 著
A5判　208頁　定価 本体1, 980円（税込）

いつどこで発生するかわからない「竜巻」について、発生する仕組み、突風・トルネードとの違いなどを解説するとともに、竜巻から身を守る方法、過去の竜巻事例などを最新の情報をもとにわかりやすく紹介する。

第６弾

線状降水帯
ゲリラ豪雨から JPCZ まで豪雨豪雪の謎
小林文明 著
集中豪雨の元凶にせまる！
発生要因にせまり、その謎を解き明かす！
成山堂書店

線状降水帯
ゲリラ豪雨から JPCZ まで豪雨豪雪の謎

集中豪雨をもたらす
「メソ対流システム」
とは！？

小林文明 著
A5判　128頁　定価 本体1, 980円（税込）

線状降水帯および冬の線状降水帯とも言われる JPCZ（日本海寒帯気団収束帯）について、その位置付けを整理し、概念をわかりやすく解説、豪雨豪雪をもたらす線状降水帯のメカニズムを紐解く。